味噌を
まいにち使って
健康になる

理学博士 渡邊敦光 著

はじめに

広島大学の実験病理学・放射線生物学の名誉教授がなぜ、味噌の研究を？ と思われる方もいらっしゃるでしょう。味噌の効能の研究を始めてから早30年近く。自分でも驚いています。

私の研究者としてのキャリアは、放射線の生物影響に関する研究からスタートしました。このテーマは、１９７３年（昭和48年）、私が大学院を終わり広島大学原爆放射能医学研究所（現：原爆放射線医科学研究所）に奉職して以来、退官までずっと続いています。この長い年月、学部の学生も研究の一部を手伝ってくれました。

肝臓に腎臓、心臓、脳や皮膚を肝臓に移植すると肝臓になり、また、十二指腸に食道、気管、膀胱、その他の臓器を移植すると、それらはやがて十二指腸になります。これを専門的には「分化」と言います。私たちは実験を重ねた結果、「幹細胞さえあれば、どの臓器の組織をどこに移植してもその臓器に分化する」という現象を目の当たりにしました。そのときには、学生たちと大喜びしたものです。研究には必ず「仮説」を伴います。それを試して確認するのが実験です。この「幹細胞さえあれば…」という仮説は、私が院生だった時代に考えていたこと。それが約30年後に実現したのです。いかに嬉しかったか、お分かりいただけるでしょう。

そんな私も30代の終わりには、アメリカ・ウィスコンシン州立大学に留学しました。その目的は「甲状腺に対する放射線の影響を研究するため」で、なかなかあることではありませんが同じボスの所に2回も留学。一時帰国を経て、次はイギリスのパターソンがん研究所の客員研究員となり、「放射線の甲状腺や消化管への影響」を研究しました。なんだかんだで退官までのほとんどを、当時、がん研究の最先端といわれた現場で過ごしてきたわけです。

私は食物や栄養の専門家ではありません。専門は発生生物学。世界の最前線で学び、帰国直後には消化管組織の変化とがん発病の関連性を探る研究を進めていました。

しかし1989年、3度目の留学先のイギリスから戻った私に、上司であった伊藤明弘教授から声がかかりました。

「渡邊君、味噌の研究を手伝ってくれないか」

即座に浮かんだのは「なぜ、味噌？」という疑問でした。

味噌汁なんて日本人には当たり前過ぎて、とても研究対象たり得るとは思えなかったのです。味噌に生物活性なんてないだろう。なんで味噌なんか…というのが正直な気持ちでした。

最先端を走っているという自負があったところへ「味噌の研究」です。とはいえ上司からの申し出ですし、せっかく海外で学んだ研究成果を応用しながら、放射線、消化管組織と幹細胞、そして味噌の関連について研究するはめになりました。

始めてもなお「本当に意味はあるのか？」という疑問は消えませんでした。

それでも実験結果は正直です。放射線で障害を受けたマウスの小腸腺窩が、味噌で再生する、という結果が出たのです！これには驚きを通り越して、感動を覚えました。

この結果を91年に日本語で発表したのが、私の「味噌のキャリア」の始まりです。

研究を進める上では障壁もありました。そもそも、人々は味噌の効果なぞ信じてくれなかったのです。ある時には、こんな事もありました。

私が指導していた院生の学位審査の折、味噌で論文を書いてもらい提出しました。その審査会の席上でのことです。私の席は研究科委員長の近くでしたが、私の教え子の論文を見た彼は、こちらに聞こえるような声で「ちぇっ。味噌か」と言ったのです。この発言には、心底がっかりしました。しかし、彼を責める気はありません。味噌の研究を、と指示されたとき、私が考えていたのと同じだったからです。そしてこれが、当時の世間の見方だったとも思います。それでもその論文はPubMed（権威ある生命科学や生物医学に関する学術文献の検索サイト。アメリカ国立生物工学情報センターによって運営されています）にも掲載され、無事学位審査に合格できました。

初めて「味噌は血圧を上げない」という論文を発表したときもそうです。PubMedに掲載されたにもかかわらず、誰も信用してくれませんでした。それでものちに、私たちの結果を追試して下さった人がいたことから、やっと多くの人から信じていただけるようになりました。

これまでのいきさつは、語りつくせないほど様々なことがありました。が、それでも味噌の研究は始まり、今も続けています。その間、実に約30年。結果的に色々なことがわかり初め、味噌の有効性が注目され始めました。そこで今まで明らかになった味噌の生理活性について解説したいと思い、本書を上梓しました。

もうひとつ、お読みいただく前にお伝えしておきたいことがあります。

私の研究モチベーションとなったのは、本章中でもご紹介する秋月辰一郎医師の奥様を始めとする、被爆者の方々との出会いでした。

人類初の原子爆弾の被害者となった日本。その中から奇跡的に助かった秋月先生たちは、味噌汁を中心とした食生活をして戦後を切り抜けました。味噌しか残っていなかったから、というのが本当のところです。しかし、そういう実体験をした方々に直接お会いし、お話を聞いたことは私にとっては大きな経験でした。

戦争体験そのものが風化しようとしている昨今、実際に経験した人たちから得られる情報は非常に貴重です。彼らの身体的経験は貴重な症例報告です。しかし、この貴重な情報を、後世に役立つように受け継ぐためには、学問的な検証が必要です。先人の生活経験を科学的に分析、証明することで、日本の伝統的な食文化の魅力を再発見し、更に動物を使った実験を行い、人々の健康に役立てる。そのことが私の研究人生を支えてきたのだろうとも思います。

本書執筆にあたっては、味噌の歴史や成り立ち、マーケットにまつわる情報など、味噌全般の概要に関する部分では、神州一味噌株式会社にご協力いただきました。この場を借りて御礼申し上げます。

日本の食生活が見直され、再評価されるようになった現在。長年、その力を信じて研究してきた成果を、なるべくわかりやすくお伝えしたいと思います。読んでくださる方々の日々の暮らしと健康に、少しでもお役に立てることを願いつつ…。

目 次

第三章　味噌でがん予防をする

第四章　味噌をまいにち使って健康になる

第六章　味噌をもっと知ろう

第一章

味噌の
すごいパワー

急激な欧米化がもたらしたもの

味噌がいかに良いものか。それをこれから順番に説明していくわけですが、それを語る上で大前提となるのが「なぜ・どうして日本人の食生活は変わってしまったのか」ということです。現在の状況について理解し、その理由や背景まで知ることで「どうすればいいか」にたどり着けるからです。

第二次世界大戦後、日本の食生活は欧米化しました。それを「アメリカによる胃袋の侵略だ」という人までいます。それほど急激な変化だったということです。

１９５３年のこと。当時、小麦は世界的に大豊作でした。アメリカでも価格が大暴落し、余剰農産物の倉庫代だけで、日に何億円もの経費がかかるような状況だったといいます。一刻も早く売りさばかねばという状況下で、その販売先となったのが、戦後の食糧難に陥っていた日本だったというわけです。54年、アイゼンハワー大統領はＰＬ４８０法案（農業貿易促進援助法）、通称「余剰農産物処理法」を成立させました。

１．アメリカの農産物をドル建てでなく、その国の通貨で購入できる。代金は後払い（長期借款）でよい。その購入金はアメリカがその国の国内での現地調達などにも使用する。

2．購入した農作物を民間に払い下げた場合、その代金（見返り資金）の一部は経済復興に使ってよい。

3．見返り資金の一部は、アメリカの農産物のPR費用や市場開拓費として使用できる。

4．貧困層への援助や災害救助、学校給食などへの無償贈与も認める。

餓死する人もいた時代。食糧難にあえぎ、ドルも持たない当時の日本にとっては、まさに恵みとも言える法案だったことでしょう。食糧難が補えるばかりか、収益の一部は経済復興にも充てられるというのですから。ほどなくして本格的な学校給食が始まり、そこでの主食はパン食となり、初めは無償だった学校給食がやがて有償となって定着していきました。

しかし、アメリカの真の狙いは、主に3、そして4にあったというべきでしょう。アメリカは余剰農作物を処理できるばかりか、そこから得た資金で相手国の「市場開拓」ができるというのです。学校給食を通して子供たちにパン食が浸透すれば、成長して大人になってからも欧米型食生活への布石となります。56年からはプロパガンダと言っていいほど大規模な「小麦は善、米は悪」と宣伝されました。極端にうがった見方をするならば、「食生活の変化によって、がん発生がどう変化するか」という生体実験だったのでは？とも思われます。日本の津々浦々にアメリカから提供されたキッチンカーが派遣され、出資元はアメリカなのに厚生省からの栄養指導であると信じ込まされた栄養士や保健婦が、欧米型食生活のすばらしさを「実演・試食付き」で宣伝しました。ついには大学教授の「米を食べるとバカになる」という妄言まで飛び出し、「日本人は西洋人に比べて2割方、頭が悪い。ノーベル賞受賞者に日本人が少ないのもそのためだ。日本人は今すぐ米食を離れ、小麦を食べるべきだ」とする『頭の良くなる本』（1960年・光文社）がベストセラーになるに至りました。天声人語には3回も、この件が取りあげられました。「コメは塩を運ぶ車、粉食（小麦）はタンパクを運ぶ車」という標語（1956年）が広く宣伝され、このことから日本食＝塩分が多い、というレッテルが貼られたようです。この流れは今も続き、味噌が冤罪（塩罪？）に苦しんでいる、というわけです。

パンや肉類、牛乳、脂料理、乳製品…が中心であれば「進んだ食生活」とか「近代的食生活」ともてはやされました。しかしそれらは、内容的には非常に偏りがあり、高脂肪食で食物繊維は少なすぎます。多すぎる肉類、アルコール併用の食習慣など、栄養改善運動だと見せかけて、実は改悪運動だったのです。しかもこの食事は「がんの源」であることが、現在では明らかになりました。その一方、伝統的なごはんと味噌汁、漬物　は「貧しい食生活」のように言われ、軽視されてきました。しかし今ではどうでしょう？　日本食はむしろ「健康に良い」と、考えを改め、再評価されるに至りました。

昨今、節制の効いた和の食生活は、むしろ「オシャレ」でさえあるようです。これは大変喜ばしいことではありますが、「オシャレ」だけでは、また一過性の流行で終わってしまう危険性があるのも事実。日本食のなにが・どう、いいのか。戦後の西洋化した食生活がどう悪いのかをきちんと学んでおかなければ、何の意味もありません。

食生活の西欧化に伴って、日本人には大腸がんのような西欧的ながんが増加しました。西洋人に比べ、植物繊維を多く摂ってきた日本人の大腸は、彼らと比べると1ｍも長く、消化しにくい食物繊維に対応しやすい身体になっています。ところが、食事の内容が西洋化しました。食物繊維が少なく消化しやすい西洋料理を食べることで、発がん性物質に触れることが多くなった、と考えられています。人間の体は習慣によって作られていく側面があるのはたしかですが、戦後70余年。人の体に変化を起こすには、あまりに短い時間です。民族の遺伝子に逆らった食生活がいかに怖いものか、おわかりいただけるでしょうか。

ちなみに、現在の学校給食はどうなっているでしょう。56年から本格的にパン食が主流となった学校給食ですが、20年後の１９７６年、米飯が制度上、正式に

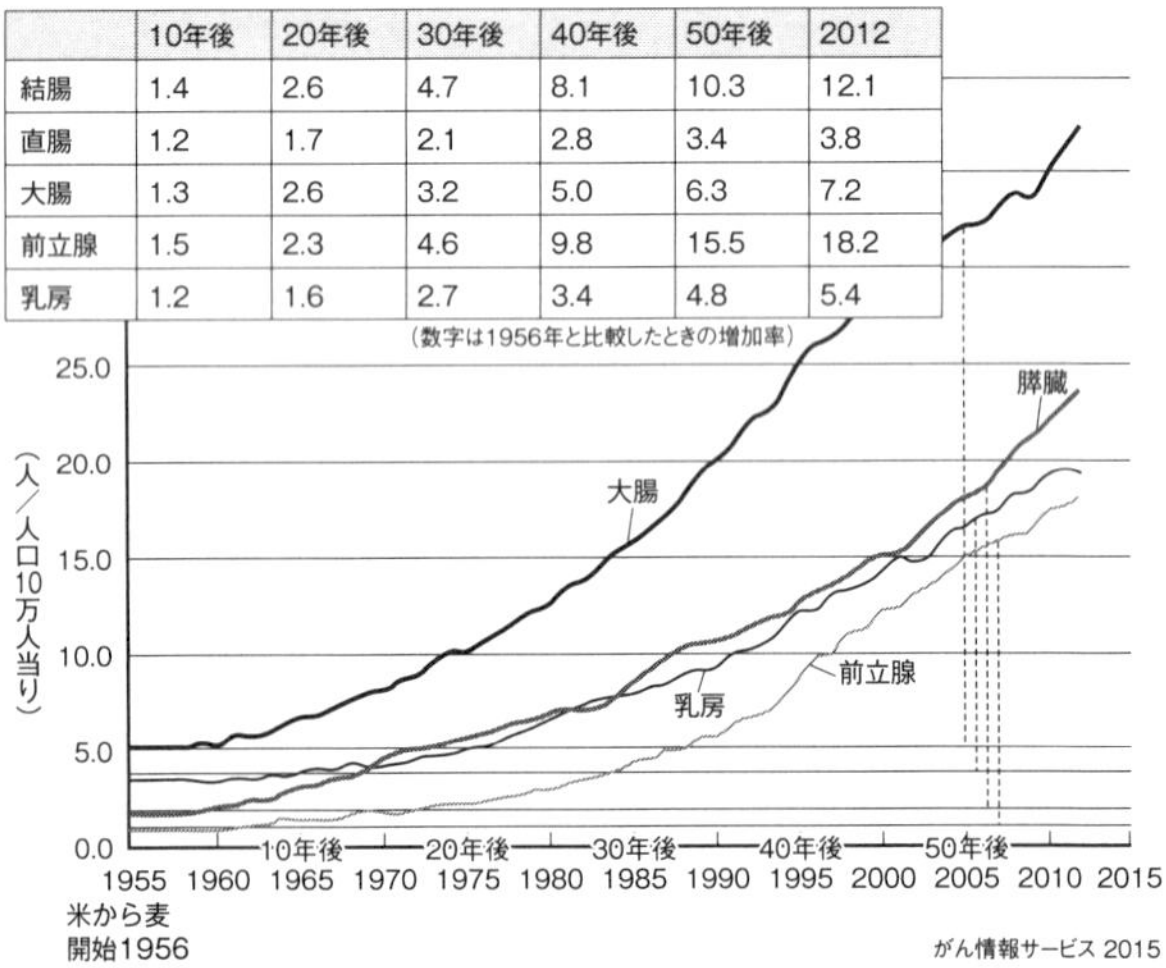

	10年後	20年後	30年後	40年後	50年後	2012
結腸	1.4	2.6	4.7	8.1	10.3	12.1
直腸	1.2	1.7	2.1	2.8	3.4	3.8
大腸	1.3	2.6	3.2	5.0	6.3	7.2
前立腺	1.5	2.3	4.6	9.8	15.5	18.2
乳房	1.2	1.6	2.7	3.4	4.8	5.4

(数字は1956年と比較したときの増加率)

図１　日本人のがんの変遷

導入されました。09年には文部科学省が「学校における米飯給食の推進」を通達。完全米飯を導入している自治体も出てきています。魚や野菜中心の和食を給食に導入したことで非行や暴力問題が減り、学力向上が見られた、とする報告もありますが、まだ道半ば、というところでしょうか。

アメリカの思惑が見事に当たった結果が、現在の日本人の食卓だというわけですが、皮肉なことに、日本に小麦を売り込んだアメリカでは77年に発表された「マクガバンレポート」により、米国民の死亡原因の上位を占めている心臓病とがんの原因は誤った食生活にあったとされ、これを起点に栄養学の常識が変わったとされています。

食事目標として、

●食べすぎをしない
●野菜・果物・全粒粉穀物による炭水化物摂取量を増やす
●砂糖の摂取量を減らす
●脂肪の摂取量を減らす
●特に動物性脂肪を減らし、脂肪の少ない赤身肉や魚肉に置き換える
●コレステロールの摂取量を減らす

としたのです。

●食塩の摂取量を減らす

いかがですか？日本料理の特徴がそのまま当てはまるではありませんか。

日本がアメリカの指示でせっせと小麦消費に走っていた時、アメリカでは政府の報告書の中で「１９６０年代の日本人の食事が、摂取エネルギー中の脂肪の比率が低く、炭水化物の比率が高く、理想に近い」と明言さえしていたのです。

アメリカでは80年より『ヘルシーピープルプロジェクト』がスタートしました。心臓病の医療費だけで米国経済がパンクしかねないほどの大問題になっていたその当時、国民の健康対策としてマクガバンレポートが発表され、前述のような食生活の改善を推進しようとするプロジェクトが発足したというわけです。

その最終目標は「健康寿命の延伸と生活の質の向上」と「健康格差の解消」。さまざまな疾病予防が叫ばれ、特に喫煙の害や運動の重要性がＰＲされました。結果、アメリカ人の食生活から牛・豚・羊肉の消費量が減り、鶏・魚の消費量が増えました。

そしてアメリカで売れなくなったタバコが日本にどんどん輸入されました。吸いたくなるようなコマーシャルで雰囲気を盛り上げ、タバコを吸いたい、吸うのはカッコイイことだ、と思わせるものでした。

それで、アメリカ人の健康はどうなったか。

がんについては、98年にはがん死亡率が年平均で男性が約1.5％、女性で0.8％減少。がん死亡率全体では、がんによる死亡がピークだった91年と98年を比較すると20％も減少しています。**図2**、**図3**を見てください。

このことでわかるのは「食生活を変えればがんは減らせる」ということ。そして食生活の変化ががん減少の実績になって現れるのには約20年ほどかかる、ということです。がんの潜伏期間はがんの種類によって異なりますが、白血病は5年、甲状腺がんは10年、乳がんや肺がんは20年、胃がんや骨肉腫は30年と考えられています（『原爆放射線の人体影響　１９９２』文光堂　より）。つまり、今食べているものの影響が、20年後の健康に影響する、ということです。

改めて、**図1**と**図2**、**3**を見比べてみてください。

80年から開始されたヘルシーピープルプロジェクトの成果は、11年後をピークに下り坂に転じ、アメリカ人のがんは減少しています。では日本人はどうでしょうか。

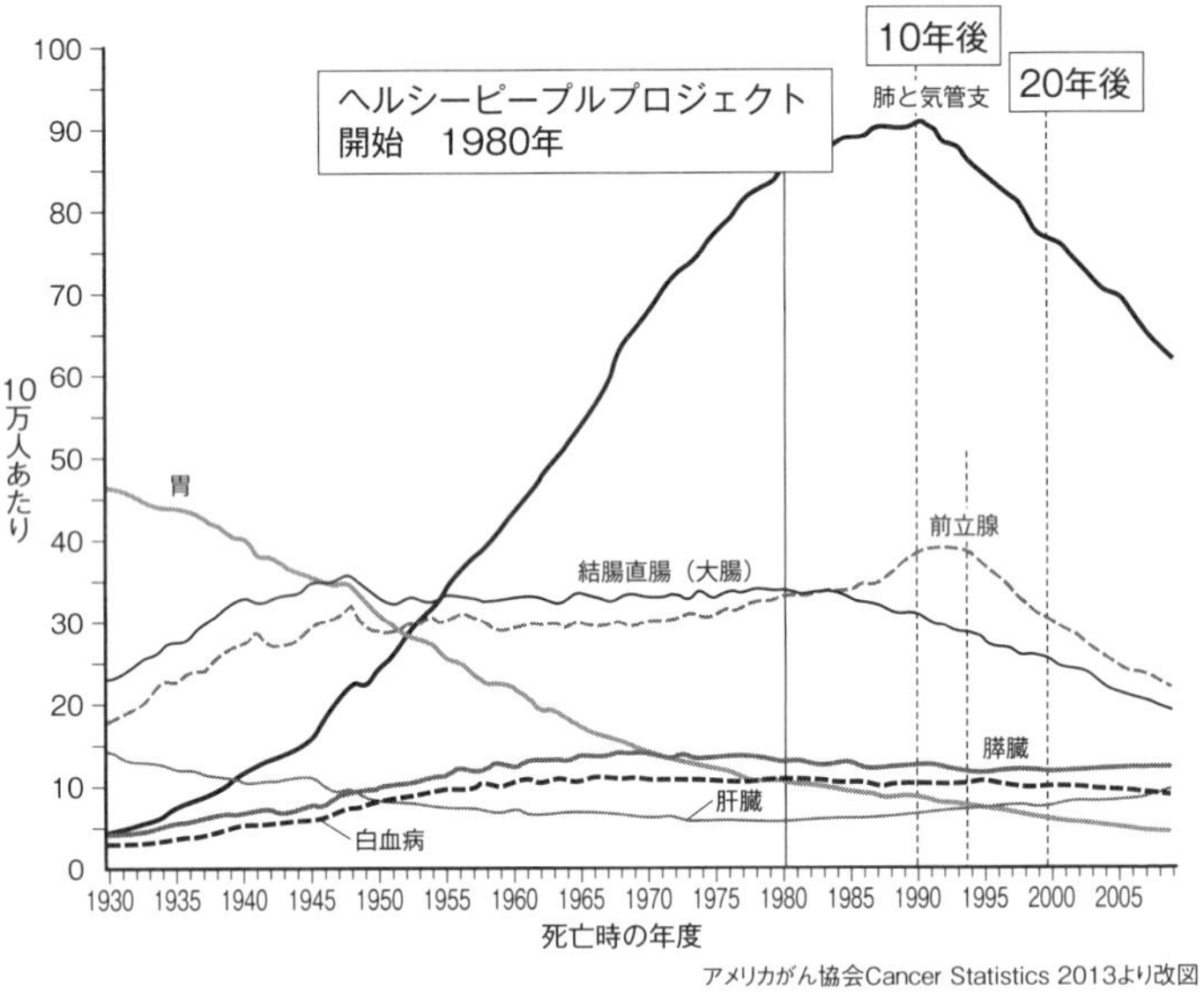

図２　アメリカの男性のがん死亡率の推移

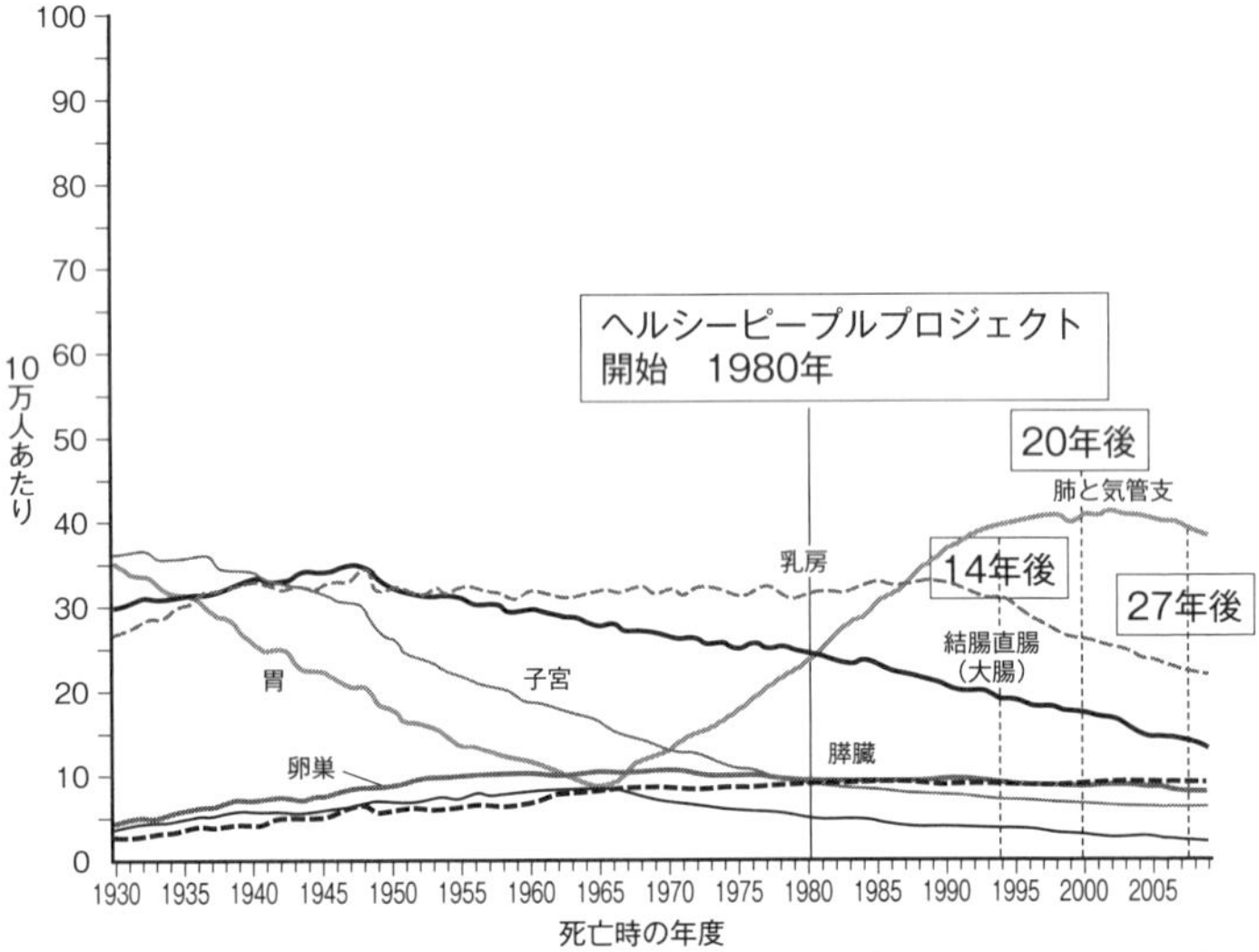

図３　アメリカの女性のがん死亡率の推移

1955年、アメリカから小麦を輸入するようになってからというもの、特に大腸がん、乳がん、前立腺がんが増え続けています。

アメリカ人ばっかり健康になって、不公平じゃないか！と思われますよね。この点だけについていえば、そうかもしれません。しかし、依然としてアメリカ人の死亡原因の第一位は心血管疾患なのです。全人口の1/3以上が肥満であり、6～11歳の子どもの2割が肥満児だという状況は、危機的と言っていいでしょう。

一方、日本人の死亡原因の第一位はがんです。アメリカの食糧侵略がいまだに続いている日本では、多少減少しはじめたとはいえ、がんは増え続けています。この状況が変わらない以上、20年後を見据えて、速やかに、それも国を挙げて食生活の改善に乗り出すべきだと私は考えます。超高齢社会を迎え、医療費はますます財政を圧迫することは目に見えています。国は医療費を抑えるためにジェネリック医薬品の適用促進を方策の一つとして打ち出していますが、一度染まってしまった食習慣、「肉や脂のおいしさ」からは、なかなか離れられません。食生活は、そうすぐには変えられないでしょう。しかし長い時間がかかってもいいと、悠長なことは言っていられません。

食生活の改革を速やかに国の政策で変えたほうが、医療費は将来減少するのではないかと思うのです。

健康寿命を伸ばすために

健康寿命という言葉、ご存知の方も多いと思います。日本は世界でも断トツの長寿国になりつつありますが、今年（２０１７年）の平均寿命は香港が第一位で日本は第2位でした。果たしてそれが幸せなことなのかどうか…。亡くなる前までピンピンしていても、長年にわたって寝たきりの生活をしていても、寿命は寿命。健康寿命とは、少しでも長く健康に暮らすことを意味します。病の床につく時間をなるべく短く、死ぬときはコロリと逝きたい。これを「ぴんぴんコロリ」運動といい、今、多くの人が望んでいることです。

それには何が大切か。高齢期以降の健康維持、これに尽きるでしょう。

超高齢社会がすでに始まっている日本ですから、医療費軽減はもちろん、個人の幸福のためにも、食生活の改善は急務です。

そこで、興味深い研究結果があります。

胎生期（お母さんのお腹の中にいる間）の栄養状態が「本態性高血圧症」（全高血圧症患者の約9割といわれている）の発症に深くかかわっていることが明らかにされています（福岡秀興　母子健康情報　２００7年より）。3歳児の血圧は、出生時の体重が小さいほど、3歳時点の体重が重いほど、高いようです。さらに、４６２６人を出生から20年間追跡調査した結果、出生時体重が小さいほど、3歳から20歳までの身長増加率が小さい人ほど、血圧上昇と血清コレステロールの上昇に関連する（血圧やコレステロール値が上がりやすい）ことがわかったのです。

また、離乳食時期の味の記憶が食の基本につながる、とする研究もあります（山城雄一郎ほか『いただきます！幼児のごはん』赤ちゃんとママ社　１９９9年より）。

それを踏まえ、離乳食には米が良い、と推奨しているのです。食行動は離乳食期から小学生のころまでに体験した味が影響しますが、この時期に栄養過多で肥満傾向だと、成人になってから生活習慣病のリスクが高くなります。かつては中年以降に多かった生活習慣病の発症が若い人にも増え、小児の肥満や高コレステロール血症も増加しています。

この時期に慣れ親しんだ味がその児童にとっての「おふくろの味」となり、脳に刷り込まれ、その後の食行動にも大きな影響を与えます。

多くの日本人が中年以降になると和風料理など、脂肪含有量の少ない比較的淡白な味の料理を好むようになるのは、小児期の「味の記憶」の影響だと考えられます。そのこと自体は生活習慣病の予防や治療上、非常に好ましいことですが、では今、欧米化の進んだ食生活を送る子どもたちが中高年期を迎えたとき、一体どうなるでしょう。

その結果は20年後、30年後に現れることは、前節で説明した通り。

これを読んでおられる方が何歳であったとしても、食生活の見直し、改善が大切なことはお分かりいただけたでしょう。幼いお子さんは将来のために。成人以降の方は、近い将来の健康寿命のために。味噌を含む和食への回帰が、大切なのです。

世界が見直してくれた〝和食〟

２０１３年12月、私たちが古くから親しんできた「和食」が世界遺産（ユネスコ無形文化遺産）に登録されました。農林水産省のホームページによれば、和食の特徴は、

(1)多様で新鮮な食材とその持ち味の尊重
(2)健康的な食生活を支える栄養バランス
(3)自然の美しさや季節の移ろいの表現
(4)正月などの年中行事との密接な関わり

とあります。南北に国土が長い日本ならではの、季節の移ろいや多彩な文化が、色濃く反映された食文化が世界的にも評価されたということでしょう。

そんな日本の食を高く評価していた外国人は、実ははるか昔から存在していました。日本にキリスト教をもたらしたとされるフランシスコ・ザビエルは「日本の貧しい食生活」という文章の中でこう記しています。

「この国は土地が肥えていないので、身体のためにぜいたくなものを食べようにも、豊かな暮らしはできない。家畜を殺して食べたりはせず、時々魚を食べ、少量の米と麦とを食べている。彼らが食べている野菜はたくさんあり、少しだが、幾種類かの果物もある。（このような貧しい食生活なのに）人々は不思議なほど健康で、老人も多い。満足ではないにしても、自然のままに、わずかな食物で生きていけるものだということが、日本人の生活を見ているとよくわかる」。

織田信長や豊臣秀吉にも接見した宣教師、ルイス・フロイスは『日本覚書』の中で、「瘰癧（るいれき・咽喉部にできるぐりぐり）、結石、痛風は、西欧では日常茶飯事であるが、日本では希（まれ）である。ヨーロッパ人の肉体は繊弱なので健康の恢復（かいふく）はたいそう遅いが、日本人の肉体は頑健なので、重症、骨折、潰瘍、および災疫からもわれら以上の見事さで常態に復帰するし、速やかである」（E・ヨリッセン、松田毅一訳『フロイスの日本覚書』中公新書 1983年 より）と書いています。さらに「食べ物としては食物の調味に味噌を用いる。これは米や穀物を塩と混ぜたもの。塩を抜いて炊いた米を常食にする。牛は食べない。生の魚を好む」としています。

宣教師が訪れた時代の日本人は「貧しい食事」にもかかわらず強健だったのです。しかし、いくら身体に良いからといって、現代人がいきなり粗食に切り替えるのは無理というもの。しかし、「おいしいもの」ならば話は別でしょう。

そこで頼もしい味方が味噌なのです。

塩分を控えるべき、との発想から味噌を敬遠する人がいます。しかし、味噌汁を1日に3回飲んだとしても、塩分量は約3gです。現在、日本人の平均的な塩分摂取量は、一日あたり男性11・1g、女性9・4g。高血圧症への対策としては一日男性8g、女性7g程度に抑えるのがよいとされていますが、最近ではもっと極端になって、6g以下が推奨されています。この量は健常人にとっては少々辛い量です。が、だからこそ、食塩（NaCl）で摂るよりも、味わったときの満足度の高い味噌で摂ればよいのでは？と思うのです。コンビニの弁当が一食につき3～5g、ハンバーガー1個で1.4～2.8gであることを考えれば、味噌だけが塩分が多いものとはいえないのがおわかりでしょう。

さらに、野菜を煮ることで細胞壁が壊れ、カリウムやカルシウム、マグネシウムなどのミネラルや抗酸化物質が煮汁に溶け出します。野菜や海藻の具を中心にした味噌汁なら、それら食材の栄養を無駄なく摂取できるというわけです。

また、国内外のプロの料理人の中には、味噌のうま味に注目して、隠し味として使っている人も少なくないといいます。いかにも味噌味、でなくても、素材のうま味を引き立ててくれる、優れた調味料だということです。バリエーションが得意な日本人ならば、伝統的な料理だけでなく、現代人の口に合う新しい「和食」を考えて、楽しく・おいしく、和食に回帰できるはず。そのキーポイントが味噌なのです。

洋食にも味噌汁

とんかつには豚汁。誰も不思議に思いませんよね。とてもおいしい組み合わせだと思います。でも、とんかつにかけるのはソース。昭和生まれの人間には、漠然と「ソース＝洋食」「醤油＝和食」の感覚があると思います。

では、とんかつは和食なのか？洋食なのか？　なかなか線引きの難しいところです。ちなみにここでは西洋料理と洋食は別物、と考えます。安土桃山時代や鎖国が解かれ、西洋文化が流入した際、当然、料理も上陸しました。日本で西洋料理を再現しようとしても、中には手に入らない食材もあったでしょう。当然、似たもので代用したと思われますが、そうした積み重ねが、「西洋風の日本料理」、つまり洋食を生み出したと考えられます。

伝統的なコットレットがカツレツとなり、ビフカツかトンカツになりました。クロケットは、コロッケとして愛されています。そうした料理は、本格的なフランス料理やイタリア料理のような西洋料理ではなく、より大衆的な「洋食」として、外食文化にも、家庭料理にも根付いています。

そんな大衆的な「洋食屋さん」には、ハンバーグ定食やミックスフライ定食に、味噌汁を組み合わせる例が珍しくありません。当然、主食は「ライス」、米飯です。

ご飯にぴったりなのが味噌汁。ならば、ご飯に合うおかずが洋風だったとしても、味噌汁に合うのもうなずけます。すべての洋風メニューが味噌汁に合うというわけではありませんが、日本人ならではの和洋折衷な組み合わせも、おいしくて健康に良い食事として、大いに楽しむべきだと思います。この業界では洋風和食というそうです。

これは個人的な意見ですが、意外とパンと味噌汁も合います。アメリカではパンに味噌を、それこそバターのように塗って食べている人たちを見かけます。この先、さらにパンに合う味噌が開発されるといいですね。

洋食と味噌の「マリアージュ」（＝直訳すれば『結婚』。相性がよいこと）は、家庭料理にも新たな可能性をもたらしてくれます。

最近、おでんにトマトを入れる方が増えているといいます。「えっ？おでんにトマト？」と思われる方も多いでしょう。トマトといえばサラダに入っているか、ケチャップやトマトソースなどの加工食品のイメージしか浮かばないかもしれません。トマトには、昆布だしと同じうま味成分のグルタミン酸が豊富です。グルタミン酸は魚などに含まれるうま味成分、イノシン酸と結びつくと、劇的においしくなります。かつおだしでトマトを煮れば、おいしいのは、もうお分かりですね。このように、うま味＝だしと考えると、野菜の中にもだしに相当するうま味成分は豊富に含まれています。だしについては後ほど詳しくご説明しますが、プロの料理人の中には、おいしい味噌汁を作るのにだしはいらない、とまで言う人もいます。具材の野菜や海藻から出るうま味で十分だというわけです。このように、素材に含まれる成分と味わいの関係を柔軟に考えれば、味噌汁や味噌漬け以外にも、味噌の使い道はいろいろ広がりそうです。

たとえばドレッシング。味噌とマヨネーズを混ぜるだけでも、ぐっとコクのある味噌ドレッシングになります（ここにわさびを加えると、もっと美味しくなります）。また、味噌と牛乳も相性のよい食材で、牛乳を加えることで減塩になるとも考えられています。奈良県の郷土料理に『飛鳥鍋』という料理がありますが、これは鶏ガラスープに牛乳、白味噌を加えて作ります。寒さの厳しい冬、身体を温める料理として発展したと言われていますが、要するに「体が欲する＝体が必要としている」といってよいと思うのです。「食べたいとき」に「食べたいもの」を食べる。それでよいのです。ただしおいしいからといって、同じものばかり食べる食べ過ぎには、注意するべきですが。

味噌は発酵食品ですが、和食の調味料には、味噌のほかにも発酵食品が数多くあります。酢、醤油、みりん、どれも発酵食品で、発酵食品同士は相性がいい、というのもポイントです。チーズと味噌、ヨーグルトと味噌。洋風の食材と合わせても、新しいうま味を演出してくれます。

洋風の料理や食材と味噌の組み合わせ。工夫次第で可能性は無限に広がりそうです。

味噌の普及も新時代～みそソムリエ

2009年8月、一般社団法人東京味噌会館の傘下団体として、みそソムリエ認定協会が誕生しました。同時に誕生した資格が「みそソムリエ」です。

みそソムリエは、千年もの歴史がある日本特有の伝統食品である味噌について、正しい知識を備え、多くの人々に伝えていく伝道者であり、その魅力を後世に伝える伝承者を育成するために設けられました。みそソムリエは誰にでも受験できる資格です。

具体的には、

・味噌の歴史
・味噌の科学（発酵・熟成）
・味噌の効用（機能性）
・味噌の原料
・味噌の仕込み

など、味噌について包括的に学び、その知識が習得されたと認められた人が、みそソムリエになれるのです。受講者は事前に渡されるテキストで予習の上、講義に出席。受講後に行われる実技試験、筆記試験に合格すれば、新人みそソムリエの誕生です。

ここで学ぶ内容は、味噌の歴史、栄養学、化学、そして食品表示法などの法律、原材料や製法にまつわる知識から、味噌の保存方法や活用法、料理法に至るまで実に多岐にわたります。難しそうだと思われるかもしれませんが、どれも毎日の食生活に関わりのあることばかり。しかも当日は、味噌の仕込みの実演を見ることもできます。

ご自分や家族の健康な食生活に興味のある人なら、誰でも挑戦する価値のある資格だと思います。みそソムリエに挑戦すると、手作り味噌キットが贈られ、自宅で味噌づくりに挑戦できるのも嬉しい限り。日々食べているものがどうやって作られ、身体にどう作用するのか。この本を手に取ってくださった方ならばきっと興味もあるでしょう。読んで得た知識をさらに多角的に深め、実際の仕込みに挑戦することで行動を伴う。これほど知識を深められる機会は、そうそうありません。

第二章

味噌は
放射線を防ぐ

研究者としての私のキャリアは、がんの発生機序、その一つである放射線が生物に与える影響を調べるところからスタートしました。そんな私が、縁あって味噌を研究するようになり、現在へとつながったことはすでにお話しました。

とはいえ、放射線の影響と味噌の関係は、それこそが私の研究の根幹をなすテーマです。ここから先の章で説明する、さまざまな疾病や症状への味噌の効能も、放射線と味噌の関係を研究する中から発見、蓄積された情報ばかりです。

そこでこの章ではスタート地点である放射線と味噌についてお話したいと思います。

放射線はなぜ恐ろしいのか

日本は２０１７年の時点で、世界唯一の戦争被爆国です。広島と長崎に原子爆弾が投下されて72年。まだまだ被爆者の苦しみは続いています。そして２０１１年に起こった東日本大震災では、福島第一原発の損壊という深刻な放射線被害が出てしまいました。「放射線は恐ろしい」。これは日本人なら、誰もが知っていると言っても過言ではないでしょう。しかし戦後から時を経て、世間は原子力行政の甘美な言葉に惑わされ「今の技術でコントロールできるもの」「あまり怖くないもの」と思われ始めました。間違ってはいけないのはここです。依然として、放射線は恐ろしいのです。

では、どう、恐ろしいのでしょうか。放射線を浴びると、身体はどうなってしまうのでしょうか。

●体内で新しい細胞が生まれにくくなる

◎高レベルの放射線量を一度に浴びると

中枢神経の機能が破壊され、早ければ数時間から1、2日で死に至ります。これを「中枢神経死」といいます。

◎中レベルの放射線量を浴びると

腸などの消化管に障害が起こり、出血したり、壊死したりします。消化管の細胞分裂が正常に行われなくなるためです。下痢や血便が生じ、およそ2~3週間程度で死に至ります。これを「消化管死」といいます。99年に起こった、茨城県東海村の核燃料加工施設ＪＣＯでの臨界事故で亡くなった方々は、この消化管死だったと言われています。

◎もう少し低レベルの放射線量を浴びると

血液を作る機能に障害が現れます。骨髄の中で白血球が作られなくなると、免疫力が極度に低下します。その結果、普段なら簡単に克服できる感染症にも太刀打ちできず、死に至ります。これを「骨髄死」といいます。余命は感染症にもよりますが、10日～2週間、長くても1か月程度です。

このように放射線を浴びてほどなく現れる障害を「急性放射線障害」といいます。「急性がある、ということは、遅れて出てくる障害があるということ？」「今のところは問題ありません、と政府が使っていた言葉。あれは詭弁？」と考えた方、ご明察です。放射性障害には、20年後、30年後という長い潜伏期間を経たのちに深刻な障害となって現れる「晩発性放射性障害」というのがあります。具体的には、造血障害や皮膚障害、白内障、さまざまながんなどが挙げられますが、いずれも健康寿命を短くしてしまう恐ろしい障害です。

また、放射線はＤＮＡを傷つけます。被曝後に子どもを作った場合、次世代に影響が出る可能性はあるのです。

※放射線は自然界に元からあるものです。むやみと恐れても意味はありません。微量

の放射線は生命にとって必要であるとさえ言われています。恐ろしいのは、不自然な量の放射線量を被曝した場合です。

味噌と放射線・マウスで実験してみたら

多く浴びれば深刻な悪影響を及ぼす放射線ですが、浴びる以前から味噌を摂取していると、その障害が緩和されることが、私たちの実験で確認されました。

実験に使用したのは赤色の辛口米味噌です。凍結乾燥した味噌を10％含むビスケット状の「味噌えさ」を用意して、マウスに一週間前から与えました。

その後、そのマウスに4グレイ／分のX線照射を2～3分行い、のちに解剖して小腸の様子を見たのです。

ここでまず、なぜ小腸なのかを説明しなければなりません。小腸は細胞分裂が非常に盛んな器官で、人間なら1日に約900億個の細胞が生まれ続けています。代謝が活発な分、小腸の細胞は寿命も短く、だいたい3.5日で死んでしまうことがわかっています。しかし細胞の産生に影響を及ぼす放射線を浴びれば、細胞増殖に障害が起こるはずだというわけです。小腸には「絨毛（じゅうもう）」という、文字通り絨毯の毛のような細かい突起が無数に並んでいます。その直下には、ひたすら増殖を続けている「腺窩（せんか）」という組織があるのですが、放射線を浴びると、この腺窩の中にある幹細胞の増殖が止まってしまうのです。古い細胞はどんどん死んでいくのに、新しい細胞が生まれてこない。こうして下痢や血便が起こり、やがては「消化管死」につながるのです。

実験には必ず、比較対象が必要です。そこで私たちはマウスを6グループ、用意しました。**図4**を見てください。


Aグループには、X線照射の7日前から「通常のえさ」を与えました。

Bグループには、X線照射の7日前から「通常のえさ」に「味噌えさと同濃度の食塩」を加えたものを与えました。

Cグループには、X線照射の7日前から「味噌えさ」を与えました。

Dグループには、X線照射の当日（照射後）から、えさを「味噌えさ」に切り替えました。

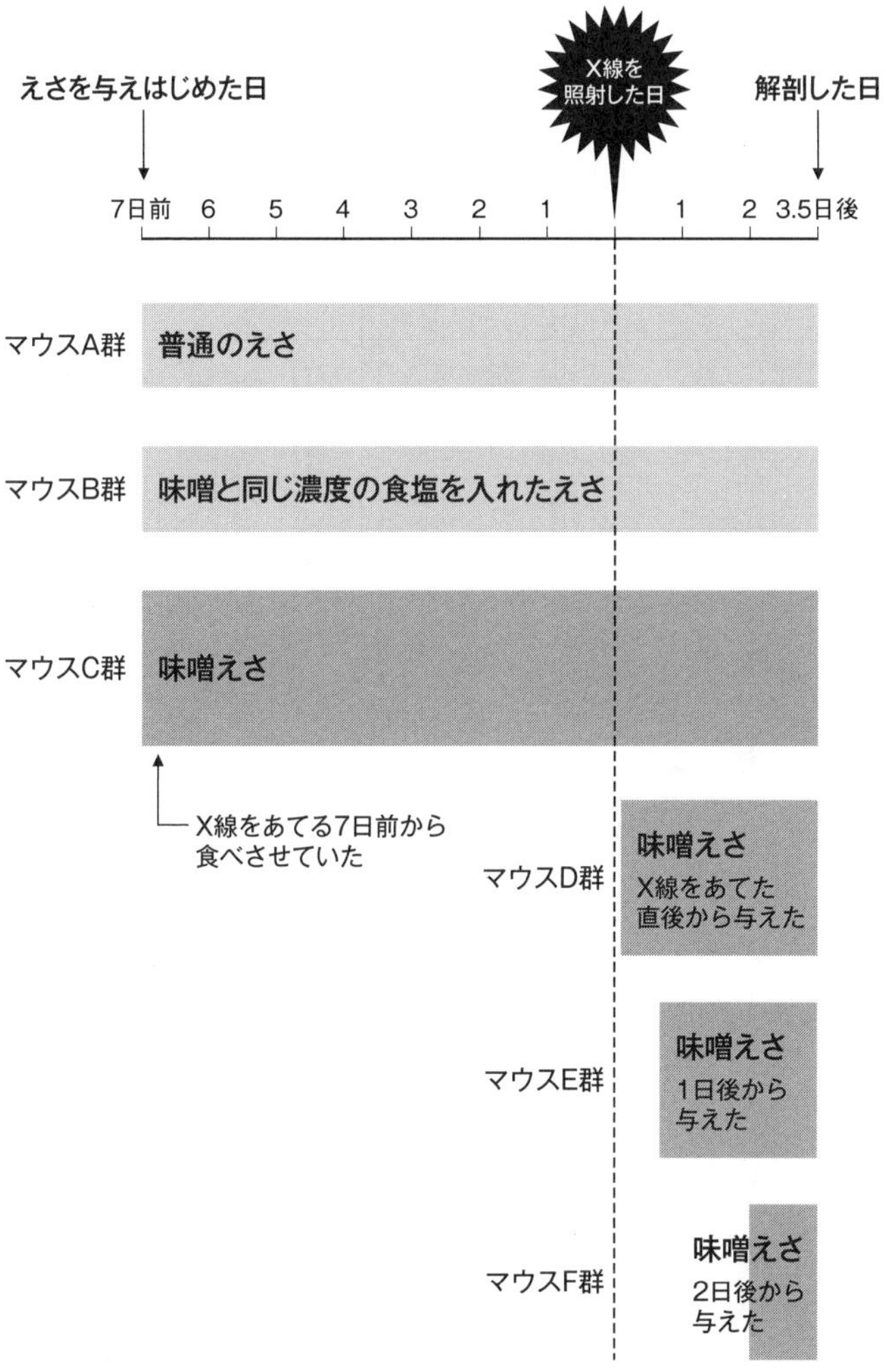

渡邊敦光他　味噌の科学と技術　39:29-32, 1991. より作成

図４　味噌による放射線防御作用の実験方法

Ｅグループには、Ｘ線照射の翌日から「味噌えさ」を与えました。
Ｆグループには、Ｘ線照射の２日後から「味噌えさ」を与えました。

そしてすべてのチームのマウスを、Ｘ線照射から3.5日後に解剖しました。
なぜ3.5日後に解剖したのか。それは、小腸の細胞の平均寿命が3.5日だから。つまり、ちょうどＸ線を浴びたときに生まれた、最も新しい細胞が寿命を終えるタイミングです。もし腺窩がＸ線で傷ついていたら、腸内には新しい細胞が生まれず、腺窩も大きく損なわれているはずなのです。

結果、どうなったか。
解剖して見て、小腸の腺窩の様子を比較しました。
Ａ並びにＢグループ↓腺窩の再生が少ない（細胞が生まれなくなっていた）
Ｃグループ↓腺窩の再生箇所が多い（新しい細胞が生まれていた）
つまり、Ｃのマウスは放射線を浴びた後でも、小腸に新しい細胞が生まれ続けていた、ということです。もちろん、正常時ほど活発ではありません。それでも、他のマウスに比べれば、断然、再生活動は活発でした。

では、X線照射後から味噌えさを食べたD、E、Fはどうだったか。残念ながら、Cに見られたような腺窩の再生は見られませんでした。つまり、あくまでも「事前に味噌を食べていたCグループのマウスだけ」が、放射線による障害をやわらげることができたのです。

※この実験では、X線照射から解剖までが3.5日と短期間でした。もっと長期間おいてから解剖すれば、照射後に味噌を食べ始めたマウスにも腺窩再生は見られたかもしれません。

味噌の何が放射線に効いたのか？

実験の結果、味噌が放射線による障害を緩和するらしいことは確認できました。では、味噌の何がそんなに効果的だったのでしょうか。

研究の結果、どうやらそれは味噌に含まれる『メラノイジン』という物質に関係があるのではないか、ということがわかってきました。『メラノイジン』はアミノ酸とブドウ糖のような「還元糖」がメイラード反応を起こすことによって生み出される物質。ここから味噌を褐色にする色素が出来ます。そこで、マウスを使って、その『メラノイジン』の働きについて実験してみました。

今回用意したのは、普通のえさを与えたマウスのグループと、化学的に合成したメラノイジンを0.1%の濃度で含んだえさを食べたマウスの2グループです。

それぞれ、一週間食べさせたあとに毎分4グレイのX線を10グレイ照射して、3.5日後に小腸の様子を見たら、結果は**図5**のとおり。0.1%のメラノイジンを含むえさを食べていたグループに効果が見られました。メラノイジンの濃度についても比較しましたが、0・001%濃度の

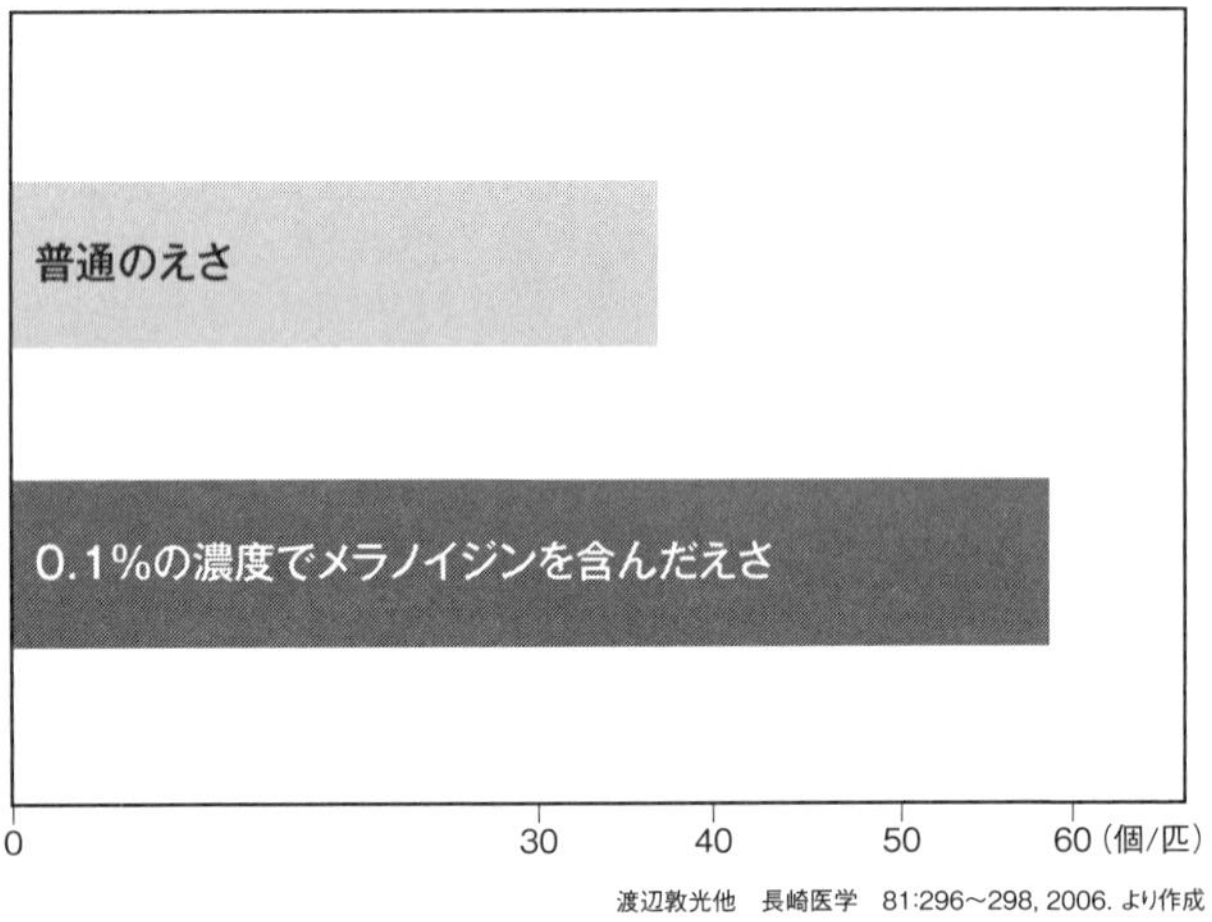

渡辺敦光他　長崎医学　81:296〜298, 2006. より作成

図5　メラノイジン処理による腺窩の再生

えさでは、通常のえさと結果はほとんど変わらず。つまり、一定濃度以上のメラノイジンを摂取することで、放射線による障害はやわらぐことがわかりました。

私たちはこのほかにも、合成メラノイジンだけでなく、味噌（冷凍乾燥）を混ぜた味噌えさ、味噌から抽出した、メラノイジン様物質（メラノイジンではないが、よく似た働きをする・その働きを助ける物質）でも同様の結果を確認しました。また、同じ味噌でも、より発酵熟成が進んだものほど、放射線防御作用が増加することも確認されました。

このほかにも様々な実験を行いましたが、その中から、メラノイジン以外にも味噌の力を示す成分があることがわかってきました。最近では血圧を下げ、血管新生を行うトラゾニン様の物資が、放射線防御作用を行っているのではないかという実験結果も出ています。

また、味噌以外の大豆食品でも、放射線障害を防ぐ働きのあることがわかっています。私たちが研究した中でも、霊芝、ケフィアヨーグルト、ビタミンB_6含有かいわれ大根にそうした働きがあることがわかりましたし、防衛大学校の研究によれば活性型ビタミンCにも認められたということです。東日本大震災にともなっての、福島の原発事故の際、自衛隊の隊員が事後処理のため、現地に入りました。その際にもカプセルにビタミンCを入れたものを持参し、飲んでいたそうです。

「朝晩の味噌汁とビタミンCと大和魂」この3つが自衛隊員を放射線被害から守る、と防衛大学校の教官は笑いながら話してくれたものです。核によるテロが起きるかもしれない昨今（2017年10月現在）、放射能の事故や事件に備えておくことは決して無駄ではないはずです。

爆心地長崎の人たちも味噌で長生きした

マウスによる実験で結果が出たからといって、人間にも同じ効果が期待できるかどうか疑わしい…。そう思う方もいらっしゃるでしょう。

まさか人間の身体で放射線照射による臨床実験はできません。そこで参考になるのが、疫学的な症例です。

「はじめに」でもご紹介しましたが、長崎で被爆した人の中に、秋月辰一郎という医師がいました。秋月先生の著書によって、私は大いなるインスピレーションを与えられ、２００６年には秋月医師の奥様にお会いする機会にも恵まれました。そのご縁で、先生の著書『死の同心円』（講談社）に登場する被爆者の方々の消息を訪ね、８名の方々にインタビューすることもできました。

１９４５年に被爆した、奥様を始めとする８人の方々は06年の時点でご存命でした、奥様は今なおお元気です。

秋月医師は１９４０年、長崎医科大学（現在の長崎大学医学部）の放射線医局の助手に就任。終戦の前年、44年には浦上第一病院（現在の聖フランシスコ病院）の医長でした。若いころは病気がちで結核も患いましたが、食事療法で健康を取り戻した経験の持ち主。当時結核療養所だった浦上第一病院でも、自身の経験を生かして、玄米とワカメの味噌汁、野菜食を中心とした食事で患者さんをお世話していたといいます。この病院は、45年8月9日に投下された原爆爆心地からわずか1.4㎞の距離。ほぼ、爆心地付近といってもよいでしょう。秋月医師を始め、病院にいた人々は相当な量の放射線を浴びたに違いありません。

先生たちは被爆後、畑に残っていたカボチャや、良く成ったナスを味噌汁にして食べたそうです。その後もその畑で採れた野菜を食べ続けました。今にして思えば、畑も被爆していたのですから、当然作物も被爆しています。恐ろしい話です。

さて、その方々はどうなったでしょう。

秋月医師は2005年に他界されました。私がご遺族やその他の被爆者の方々を訪ねたのはその翌年です。秋月医師は享年89歳だったといいます。私がお会いしたご遺族や病院関係者の中には、原爆症を発症した人もがんで亡くなった方はいらっしゃらなかったのです。

被爆直後こそ、急性障害として軽度の脱毛症や下痢、疲労感に悩まされたと言いますが、それを過ぎてのちは、健康的に歳を重ねることができたといいます。

被爆直後、薬の調達もままならない中、秋月医師は軍の医薬品を分けて頂くためにお願いをしに行ったのですが断られ、「玄米と味噌に頼るほかはない」と決意したと書き残しています。

著書の中で「患者の救助、付近の人々の治療にあたった職員に、いわゆる原爆症が出ない原因のひとつは、ワカメの味噌汁であったと私は確信している」と語っています。秋月医師が常食していたのは、熟成した麦味噌だったといいます。

長崎だけでなく広島にも、同様の体験をされた方はいらっしゃいました。その方は17歳で徴兵。原爆が投下された8月6日の朝8時15分には爆心地から約2㎞にあった兵舎にいました。その彼は以前から、兵舎で朝晩出される味噌汁を残さず飲んでいたといいます。被爆後、軽い下痢症状はあったといいますが、以後原爆症の発症は見られず。私がお目にかかった時点で、80歳でいらっしゃいました。さらに味噌屋の女将さんも息子さんを探して市内に入り（早期入市者）被爆したのですが味噌を食べて原爆症にはならず、数年前に他界されるまで永らえました。

広島・長崎の被爆者30人に聞き取り調査をした人がいます。風呂広子博士。彼女の調査の中には、爆心地からわずか0.5㎞しか離れていなかった人も含まれています。味噌を日常的に摂取していたかどうか、原爆症の症状があったかどうかを尋ねていますが、味噌を食べていた人の多くに原爆症の予防効果や症状軽減がみられた、としています（Healing With MISO Hiroko Furo. より）。

味噌なら何でもいいのか？

味噌が放射線による障害を防ぐことはお話ししてきました。では、味噌であれば何でも効果は変わらないのでしょうか。もちろんその点も、実験してみました。

前にご紹介した実験では、X線照射から3.5日後には解剖して小腸を調べましたが、今回は放射線照射後も、経過観察を続けました。

マウスは普通のえさを与えたグループと、味噌えさのグループをそれぞれ10匹用意。同じ日にX線を照射しましたが、普通のえさのグループでは、10日後から死亡しはじめ、18日後には全てのマウスを失いました。一方、味噌えさグループで死亡が始まったのは13日目からで、18日後には20％が、まだ生きていました。

つまり、味噌を事前に食べていたマウスは余命が長かったことを意味しています。

さらにこの実験では、発酵期間の違う数種類の味噌を使って比較してみました。仕込みから2～3日後のもの、4か月（120日）熟成、6か月（約180日）熟成の3種類です。結果は**図6**のとおり。

つまり、熟成期間の長い味噌のほうが放射線から身体を守る作用が大きいことがわかりました。また、生存率を見ても180日熟成の味噌が最も高い結果となったのです。最近の結果では米、麦、豆味噌でも発酵熟成が2年間するといずれも放射線障害が軽減され、5年熟成すると放射線防御作用は減少し、10年すると全く効果がなくなることがわかっています。つまり、熟成しすぎても効果は減少してしまうこと、昔から杜氏さんが実感していた一番おいしい時期「2年程度熟成」させた味噌がもっとも効果があるらしい、ということです。

この実験では、低い線量での実験では

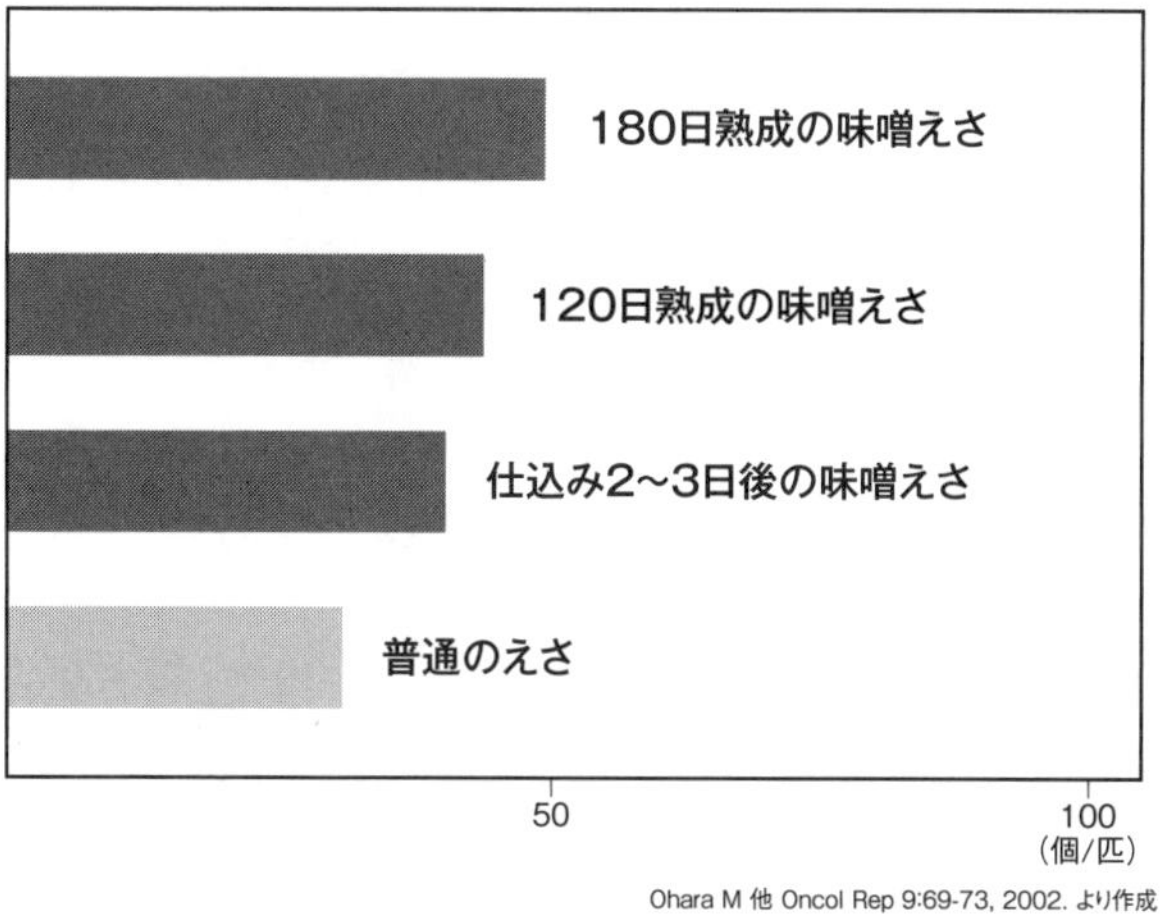

Ohara M 他 Oncol Rep 9:69-73, 2002. より作成

図6　味噌の熟成度の差による腺窩の再生

熟成度は大きく影響しなかったのですが、中程度以上の線量では長期熟成のほうが作用が大きいという結果が出ていました。

ではなぜ、熟成が進むと効果が高まるのか。

発酵熟成の進んだ味噌ほど、色は濃厚な褐色になります。そうです。熟成が進むと、先に説明した『メラノイジン』の含有量が増えるのです。

ちなみに、産地や味噌の種類（麹の違いで、米味噌、麦味噌、豆味噌）の違いを比較しても、放射線防御については有意といえるほどの差異はありませんでした。

どの味噌でも大差なく、熟成度の高いものを食べたマウスほど、放射線を浴びた後の小腸の腺窩の再生度合いは大きかったのです。

これまで、味噌が放射線による障害を防ぐという作用について、説明してきました。

結果をまとめると

・味噌を食べさせたマウスでの実験で「味噌は放射線防御作用を行う」という結果が得られた

・味噌汁をよく飲んでいた人の放射線障害が軽症で済んだという証言があった

ということであって、人間の身体で、マウスと全く同じことが起きていたかどうかの証明にはなりません。また、味噌えさがなぜ小腸の腺窩再生を促進したのか、そのメカニズムも解明されてはいません。荒っぽくまとめるならば「味噌を食べたらそういう結果が得られた」という事実だけです。

それでも、動物実験の結果が良くて、味噌が人体にとって効き目はないというデータもない以上、味噌汁を飲んでいても無駄はないはずだ、というのが、私たちの考えです。人は誰しも年齢を重ねて、健康管理や診断のため（ＣＴスキャンなど）に放射線を浴びる機会がますます増えると思われますが、その前に味噌を食べておかれると良いのかも知れません。

・多くの日本人にとって味噌はなじみ深い食品であること
・毎日食しても苦にならないほど、食習慣に根付いていること
・味噌を食べることに健康上の効果を期待できることを示唆するデータが豊富にあること

などから「一日2～3杯程度の味噌汁を飲む（具だくさんの味噌汁を食べる）」ことをお勧めしているのです。

「そんなに味噌汁を飲んだら塩分の摂りすぎでは?」という方もいらっしゃいます。前述したように、味噌だけが特に多くの塩分を含んでいるわけでもありませんし、味噌に含まれる塩分は同量の食塩を摂取した場合とは違うこともわかっています。それについては以後のページで順を追って、ご紹介していきましょう。

第三章

味噌で
がん予防をする

前章では、味噌が放射線障害を防御する、というお話を紹介しました。味噌にはそのほかにもさまざまな成分が含まれ、それぞれに健康効果がみとめられています。この章ではそうした、味噌に秘められた健康パワーについてご紹介します。

味噌はご存知の通り、大豆加工品であり、発酵食品です。今やさまざまな健康情報があふれていますので、大豆や発酵食品が体にいい事は、みなさんもご存知でしょう。

しかし、それでは味噌の何が・どういいか、は、意外と理解されていないものと思います。また、「大豆」と「発酵」、二大スター要素が組み合わさっているのに大ブレイクしないのは「だって、塩分の摂りすぎになるでしょ?」と思われがちだから、そう、塩分の壁が立ちはだかっているからではないか、と思います。これもアメリカの小麦侵略の名残りです。

実は心配されている塩分も、味噌に限っては、懸念には及ばないことがわかっています。

さて、どんな効果があるのか、気になる症状・疾病別にご説明しましょう。

日本人の死因第一位〝がん〟を知る

超高齢社会を迎え、がんにおびえる人も増えているように思います。テレビをつければ、一時間に一本は流れるのではないかと思われるのが『がん保険』や『三大疾病対応保険』のコマーシャル。がんから連想されるのは「余命宣告」や「高度で高額な治療」でしょうか。何しろ死亡原因一位ですから、他人事ではないと考えるのも無理はありません。男女のへだてなく、成人の2人に1人ががんになり、そのうちの男性の4人に1人が、女性は6人に1人が死亡します。その内訳は主に、胃がん、肺がん、大腸がん、前立腺がん、乳がん、肝臓がん、食道がん並びに膵がんです。

ではなぜ、ヒトはがんになるのか。がんの原因は何でしょう?

実は、人体の中には毎日多くのがんの芽が出来ています。その大部分は成長せずに修復して正常に戻るものもありますし、中には正常に戻れなくなるものもいます。がん細胞が生きるために遺伝子が変化を起こし、生きられなくなると、がん細胞は死滅します。ほんの一部の細胞のみが臨床的にがんにまで成長します。

がんの原因について興味深いデータがあります。１９９９年の調査結果ですので今調べたらだいぶ違うかもしれませんが、主婦と専門家（疫学者）が考える「がんリスクを高める要因」をそれぞれ調べたのです。**図7**を参照してください。

主婦のみなさんは、圧倒的に『食品添加物』ががんリスクを高める、と考えています。次いで『農薬』、第三位が『喫煙』です。20年近く前の調査とはいえ、この傾向は今も続いているのではないかと思われます。食品や化粧品など、身体に直接影響する商品ほど、「無添加」「無農薬」がもてはやされているからです。今の時代はそこに、「有機栽培」「オーガニック」が加わるでしょうか。そして、東日本大震災の福島第一原発の事故以降、放射線を懸念する人も増えています。

一方、専門家の見方はだいぶ違います。もっともがんリスクを高めるのは、圧倒的に『食事』。次いで『喫煙』。その次が『ウイルス』です。

第一章でご紹介した「食生活を変えればがんは減らせる」という〝事実〟を、専門家は知っているからです。喫煙については、主婦の方も多くが指摘していますし、昨今の喫煙者の肩身の狭さを見ても、ご理解いただけるでしょう。第三位に上がった

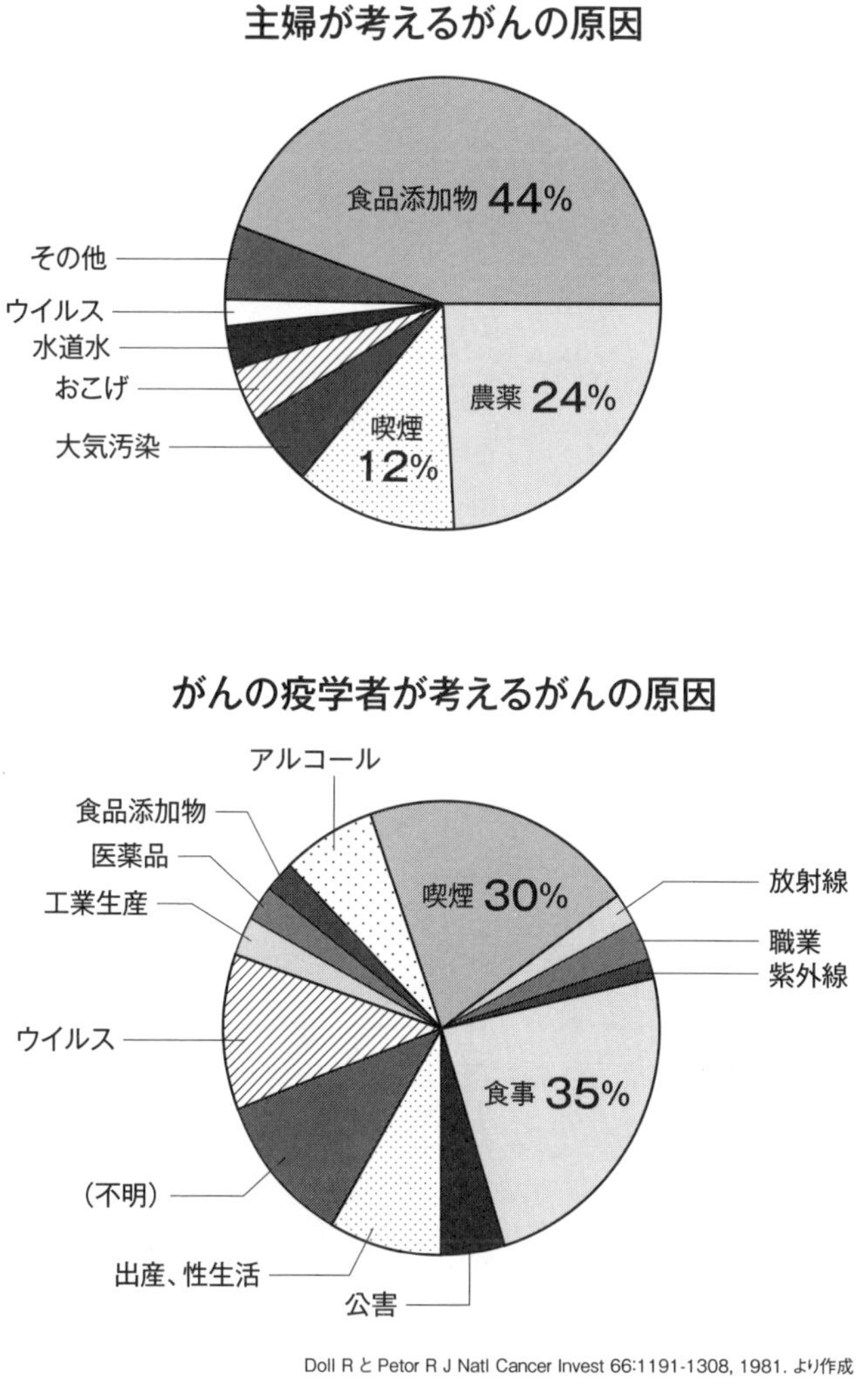

Doll R と Petor R J Natl Cancer Invest 66:1191-1308, 1981. より作成

図7　がんの原因

『ウイルス』は、子宮頸がんの発生にパピローマウイルスが関与していることが知られていますので、専門家ならではの指摘といえるでしょう。一方、主婦のみなさんが恐れていた食品添加物は、非常に弱い発がん物質なのです。農薬にいたっては登場すらしていない。もちろん、添加物や農薬がいいものだ、というつもりはまったくありません。ただ、がん発生リスクに限って言えば、弱い発がん物質は問題にならないということです。ただし、長期間にわたって摂取を続ければ、蓄積されてがん化する可能性は否定できません。避けるのにこしたことはないでしょう。

ここで注目すべきは、専門家が「食事」を（がんリスクの）脅威とみなしていることです。添加物ではなく、食事そのものが〝危険〟だというのですから、これは尋常ではありません。

では、何を食べたらがんになってしまうのでしょうか？

胃がんと食事の関係を説明するとき、まっさきにあがるのが『塩分』です。

図8のとおり、食塩の摂取量と胃がんの死亡率は、ほぼ相関関係にあることがわかっています。実際、国内だけで比較しても、沖縄県人の胃がんによる死亡率は全国平均の半分以下。他方、秋田県では全国平均の1〜2割増し。秋田県の人々の塩分摂取

量は、沖縄県人の３～４倍なのです。

　塩分と胃がんの関係性について興味深いエピソードがあります。アメリカでは、１９００年代初めのころ、胃がん患者の数が大腸がんや乳がんを上回っていました。ところが１９３０年から70年代にかけて、胃がんは急激に減少します。その理由は、冷蔵庫の普及にありました。冷蔵庫と胃がん。どうして？と思われるでしょう。冷蔵庫は何をしてくれますか？

　生の食材の保存期間を伸ばしてくれますよね。では冷蔵庫がない時代はどうしていたか。生の肉や魚は、おもに『塩漬け』にして保存されていたのです。伝統的な生ハムを食べると、塩気が強いのは

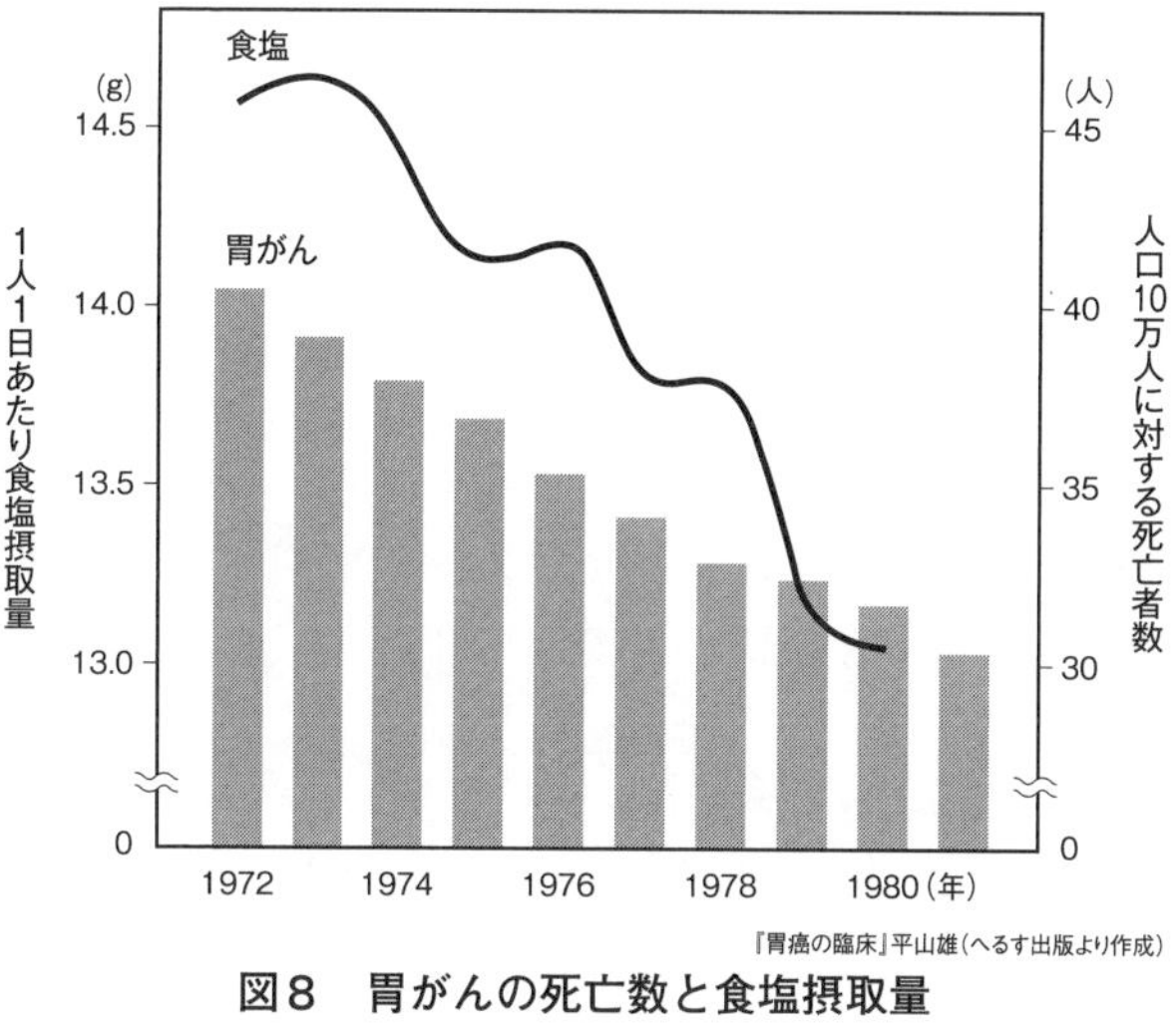

『胃癌の臨床』平山雄（へるす出版より作成）

図８　胃がんの死亡数と食塩摂取量

ご存知でしょう。日本でも魚の干物には塩が使われています。冷蔵庫の普及によって、肉や魚は塩蔵しなくてもよくなり、また、サラダなどの生野菜を食べる機会も増えていきました。結果、胃がんに罹る人が減少した、というわけです。しかし、胃がんが減っても他のがんが減ったわけではありません。また別の調査では、アメリカに移民した日本人が、代を重ねるにつれて、罹りやすいがんが変遷した、という結果が出ています。

日本からアメリカに移民した、最初の世代（一世）から、その子供の世代（二世）へと進むにつれ、食生活はどんどん欧米式に馴染んでゆきます。人生の大半を日本ですごした一世と、生まれながらにアメリカ在住の二世以降では、当然、食事の内容は全く違います。この、一世と二世以降のがん発生の内訳をみると、胃がんは代を追うごとに減少していますが、西欧的な結腸がん（大腸）による死亡率は2倍、3倍と増えています。2世、3世のがんによる死亡率の内訳は、アメリカ人のそれとほぼ同じになっていくのです。

このことで何がわかるかといえば、「食生活ががんのリスクに影響する」ということ。日本からの移民者の例でいえば、

・日本食を食べる機会が代を追うごとに減り、一日あたりの塩分摂取量が減っていったこと。
・日本食を離れ、肉食の機会が増えた（動物性脂質を多く摂るようになった）結果、罹りやすいがんの傾向が変化したらしいこと。
です。
※最近ではヘリコバクターピロリ（ヘリコ）も胃ガンの原因だと考えられています。この細菌を除菌しますと胃がんも減少すると考えられていますが、味噌には関係ないので、ここでは触れないことにします。
味噌には、さまざまな種類のがんを抑制してくれることがわかっています。順番にご説明しましょう。

塩分が引き起こすはずでは？　胃がん

味噌は胃がんにも抑制効果があります。あれ？と思われる方もいるでしょう。胃がんのリスクは塩分をたくさん摂ることでもたらされるからです。

塩分がなぜ、胃がんリスクにつながるのか。それは、高濃度の塩分が胃粘膜を破壊するからです。習慣的に高濃度塩分を摂り続けていると、胃粘膜の欠損↓修復が繰り返されることになり、胃には大変なストレスがかかり続けることになります。胃液を分泌する組織（胃底腺の中にある壁細胞）が委縮して、胃液の出が悪くなり、胃の中の酸性度が下がって（pH値が上がって）しまいます。酸性度が下がるということは、それだけ胃の中に細菌が増殖しやすくなるということです。増殖した細菌が、食べ物や唾液に含まれる硝酸塩を亜硝酸塩に変化させ、これが食べ物に含まれるアミン類と反応することで、発がん物質「ニトロソアミン」になり…と、胃がん発生のメカニズムに向かって進んでしまうわけですが、要するに、胃の中の酸性度を下げなければいいわけです。つまり、胃を傷つける塩分を控えなさい、ということですね。

前章でも簡単にふれましたが、味噌に含まれる塩分は、特段高いわけではありません。一回の食事に含まれる塩分量の目安を表にしてみましたので、**表1**を見てみてください。味噌汁一杯の塩分量は、たくわん一切れよりも少ないのがおわかりでしょう。しかし、味噌汁を毎日飲んでいる人は、めったに飲まないという人に比べて、胃がん

表１　１回の食事に含まれる食塩の量

	目安量	食塩量
塩サンマ	中1尾	13.1g
うどん・そば（汁を含む）	1杯分	6.5g
即席ラーメン	1袋	6.4g
イカの塩辛	小皿1杯	3.4g
のりの佃煮	大さじ1杯	1.6g
ちくわ	焼きちくわ1本	1.6g
たくわん	2切れ	1.4g
味噌汁	汁碗1杯	1.2g
梅干	中1個	1.0g
しょう油（うす口）	小さじ1杯	1.0g
食パン	6枚切り1枚	0.8g
ロースハム	薄切り2枚	0.8g
ポテトチップ	1/2袋	0.5g

日本食品標準成分表より作成

による死亡率が低い、という調査結果が出ています。私たちもこのことを、ラットを使った実験で確認しました。

味噌（凍結乾燥）を10％含むえさを与えたラットと、それと同等量の食塩を含むえさ（2.2％の塩分）を与えたラットで、胃がんの発生率と、発生した腫瘍の大きさを比較したのです。

結果はご想像のとおり。味噌えさのラットのほうが、食塩えさのラットよりも、発生率・腫瘍の大きさともに抑えられたことがわかりました。

ちなみにここでも、味噌の熟成度合いを初期のものと、熟成した味噌とで比較しましたが、やはり熟成した味噌のほうが圧倒的に効果的でした。

さて、ここで不思議なのが味噌に含まれる塩分です。

実験では、味噌えさと、食塩えさ、どちらも同じ濃度になるようにしたはずなので、味噌えさの食塩量を定量し、食塩の量は一緒にもかかわらず、ラットでは胃がんが抑制されました。味噌に含まれる塩分については高血圧の項目でも触れますが、どうやら味噌中の食塩は、食塩単独とは異なる作用をしているようだ、ということだけがわかっています。

女性の大敵！　乳がん

２００３年、「味噌汁の摂取が多い女性は、乳がんになりにくかった」という調査結果を、厚生労働省の研究班が発表しました（主任研究者：津金昌一郎 国立がんセンターがん予防・検診研究センター予防研究部長）。岩手県、秋田県、長野県、沖縄県の４県に住む40〜59歳の女性２１、８５２人を対象に調査したもので、１９９０年から10年間にわたって、味噌汁や豆腐・納豆などの大豆製品の摂取量と乳がんの発生率の関係を追跡したのです。

図９を見てみましょう。「１日１杯以下」しか味噌汁を飲まない人を１とすると、「１日３杯以上」の人の乳がんリスクは0.6。つまり４割減なのです。

ちなみに同調査では、味噌以外の大豆製品（大豆、豆腐、油揚げ、納豆）についても調べましたが、そちらでは明確な関連は見られなかったといいますから、これはやはり味噌汁の効果とみて間違いないでしょう。また、大豆に含まれる成分としてよく知られている「イソフラボン」ですが、大豆製品の摂取量からイソフラボンの量を算出してみると、イソフラボンをたくさん摂っている人ほど、特に閉経後の女性について、乳がんになりにくい、という結論も出ています。

わかりやすく言えば、味噌汁をたくさん飲むか大豆製品を積極的に食べると、乳がんにはなりにくくなることがわかったのです。また、このときの実験で、大豆に含まれている成分「イソフラボン」が、乳がんの発生を抑制することもわかってきました。

考えかたによっては日本的な食生活を行っていれば西欧的な乳がんにならない

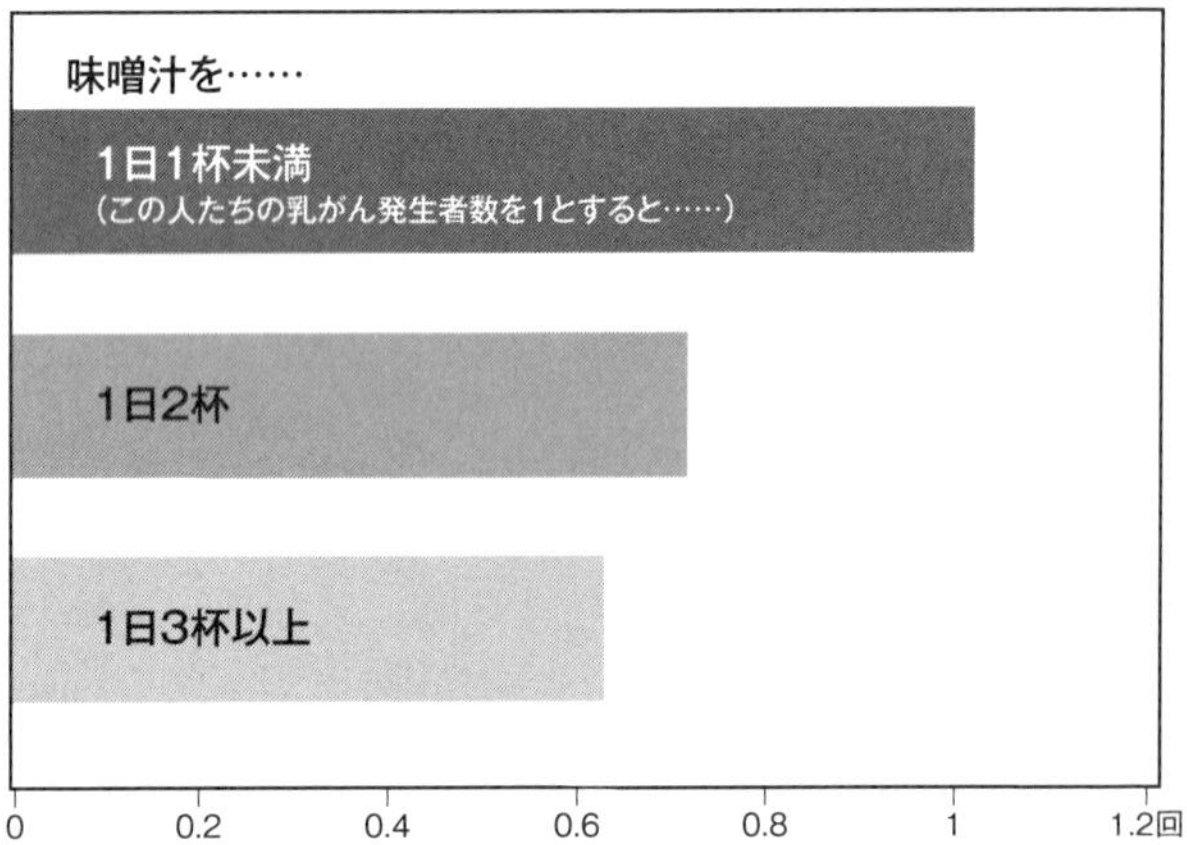

2-7 Yamamoto S 他 J Natl Cancer Inst 95:906-913, 2003. より作成

図9　味噌汁の摂取と乳がん発生の割合

という一つの証明かも知れません。
もうひとつ、乳がんにまつわるデータをご紹介します。
実験に参加してもらったのは４グループのラット（ドブネズミの仲間でマウスより大柄です）。
すべてのラットに、発がん性物質を与えておきます。
その上で、
Ａグループ↓通常のえさ
Ｂグループ↓10％味噌をまぜたえさ
Ｃグループ↓抗がん剤（タモキシフェン）をまぜたえさ
Ｄグループ↓10％の味噌と抗がん剤（タモキシフェン）をまぜたえさ
を与えました。そして、それぞれのグループでの、乳腺腫瘍の発生率を比較したのです。
図10を見てください。
通常のえさを食べていただけのＡグループに比べ、味噌を食べていたＢグループのほうが、明らかに乳腺腫瘍の発生率が低い結果になっています。さらに味噌と抗がん剤を一緒に摂取していたＤグループは劇的に少ない結果となりました。

では、すでに乳腺腫瘍ができてしまった個体については、どうでしょう。

乳がんになってしまってから味噌を食べても、間に合わないのでしょうか。

そこで今度は、**図11**です。

乳腺腫瘍が発見された日から、同様に、

Aグループ↓通常のえさのみ

Bグループ↓抗がん剤入りのえさ

Cグループ↓抗がん剤と5％の味噌をまぜたえさ

Dグループ↓抗がん剤と10％の味噌をまぜたえさ

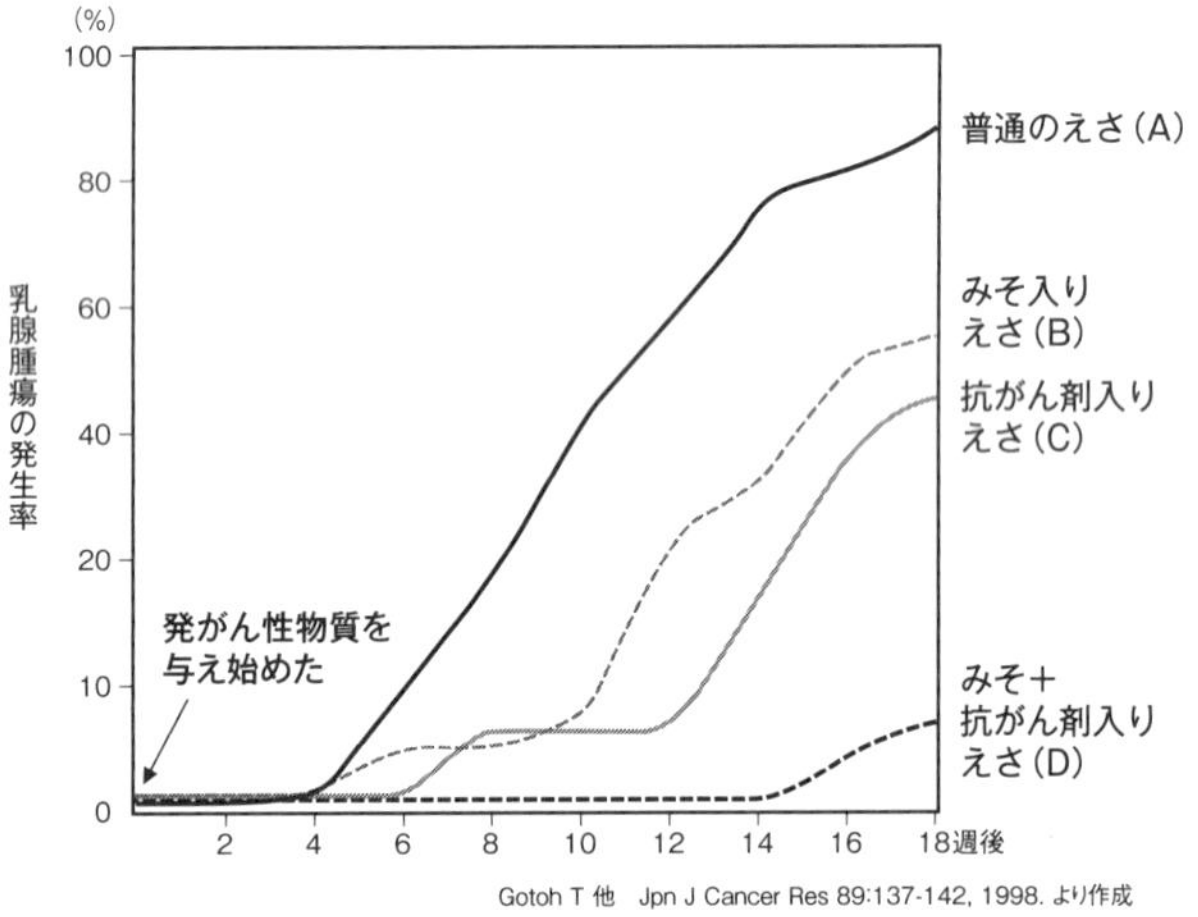

図10　ラットを用いた乳がんの発生率

で比較して、乳腺腫瘍がどうなるかを観察したものです。

結果、乳腺腫瘍のあるラットでも、味噌の量が多ければ多いほど、腫瘍は大きくならないことが分かりました。

つまり、味噌は乳がんの発生を抑える・乳がんの成長も抑える　の２つの効果があることになります。

別の発がん性物質でも同様の実験を行いましたが、類似の結果が得られています。

発がん性物質を与えても、味噌を食べさせたグループは、腫瘍ができたとしても良性で、乳がんになる数も少なかったのです。

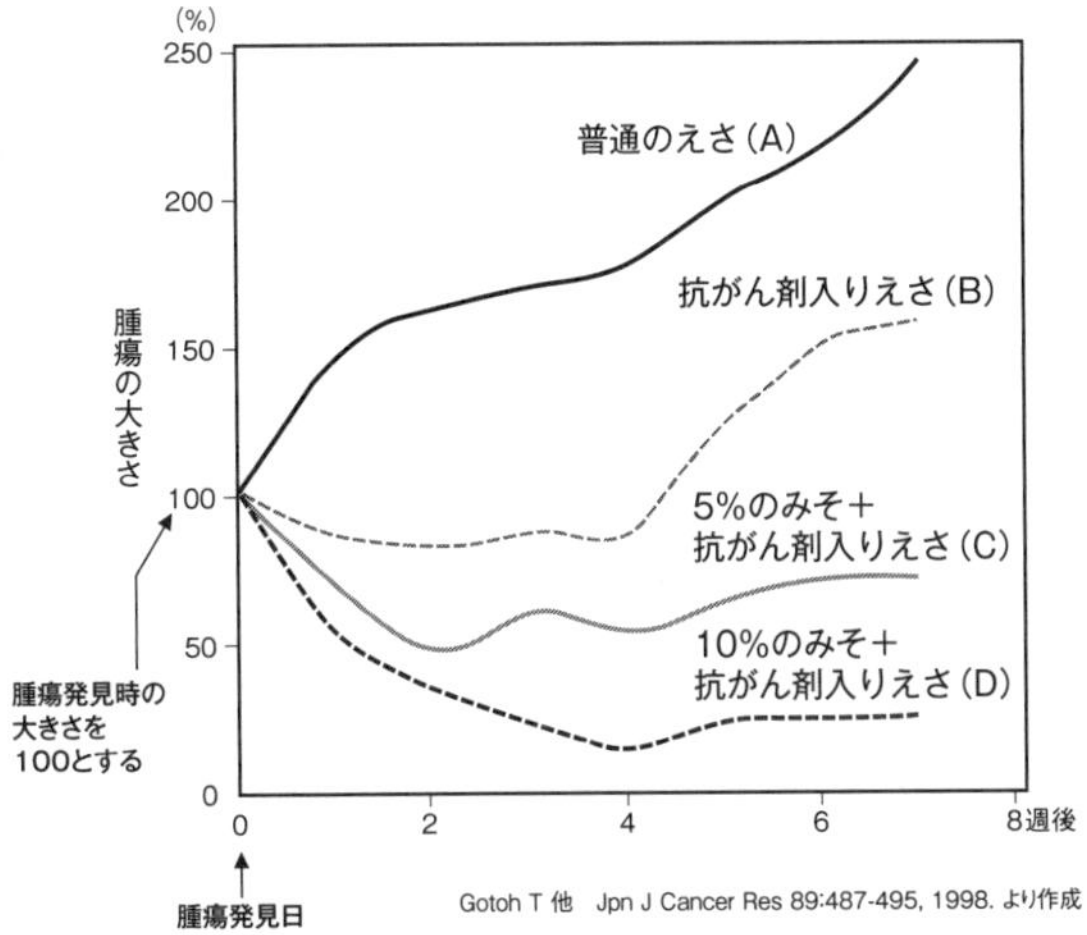

図 11　一度できた乳がんのその後の変遷

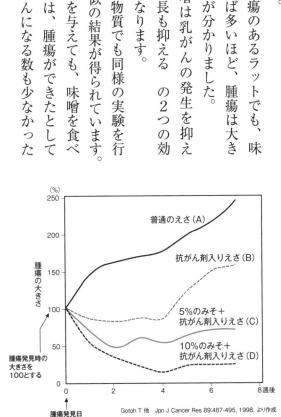

●コラム

イソフラボンは万能選手なのか

食生活によって将来のがんが回避できる。イソフラボンが乳がんを抑制する。と、説明してきました。しかし、政府の食品安全委員会では、妊娠中の女性や胎児、乳幼児、小児のイソフラボンの摂りすぎには警鐘を鳴らしています。

「将来の乳がんリスクを抑えるため」とはいえ、日常の食生活にさらに追加して、サプリメントなどでイソフラボンを摂取するのは、お勧めできません。

人体によるデータが少ないこと、妊婦が過剰に摂取すると「胎児の生殖機能への影響が出る場合がある」などの研究結果があるためです。乳幼児や小児についても、胎児同様の影響が懸念されます。

海外の研究によれば、閉経後の女性が大豆イソフラボンの錠剤を1日に

150ミリグラム、5年間飲み続けた結果、子宮内膜増殖症の発症が増えた、という結果も出ています。

しかし、イソフラボンを日に150ミリグラムとは、食品ではなかなか摂れない分量です。ですので、味噌をはじめとする大豆食品で摂取する分には、心配いりません。

ただ「イソフラボンには有効な機能がある」とだけ推奨すると、手軽にサプリメントで摂取しようと考える人が増えても不思議はありません。

いかに体によい成分であっても、過剰摂取は毒になります。水でさえ、危険です。正しい知識を身につけるようにしたいものです。

男性の大敵！　前立腺がん

女性にとってこわいのが乳がんだとすると、男性に恐ろしいのが前立腺がんです。味噌に限らず、大豆食品が前立腺がんのリスクを下げることは、多くの専門家の間ですでに認識されています。

国立がん研究センターの、先ほどの乳がん調査を発表した研究グループは２００７年３月、秋田県、長野県など、全国で10の地域で調査を行いました。45〜74歳の男性、約４万３０００人を対象に、食生活について調べたところ、味噌汁や大豆製品と前立腺がんの発生の関係について、有意義なデータが得られました。

味噌汁をあまり飲まない・大豆製品をあまり食べない　という人たちの初期の前立腺がん発症数を1とした場合、味噌汁をよく飲む、と答えたグループでは０・６５。大豆製品をよく食べる、と答えたグループでは約半数の少なさだったのです。

ただし、この研究結果は限局がん（腫瘍の範囲が狭く限られている初期のがん）に対してのデータですので、すでに進行しているがんへの抑制効果はなく、逆にそのがんでは増加すると考えられています。前立腺がん全体で見た場合の予防効果については未確認です。

とはいえ、味噌汁や大豆製品を積極的に取り入れることで、初期の前立腺がんが抑制できると確認されたことは、喜ばしい結果というべきでしょう。

熟成味噌を食べよう！ 肺腺がん

先にご説明した「疫学者が考える、がんリスク要因」でも上位に挙げられていた、喫煙。たばこ＝肺がんリスク、という図式はかなりの人に周知されていることでしょう。そんな肺がんの中でも、大半を占めるのが、肺の粘膜に腺構造を保ちながら増殖する肺腺がんです。これについても、発がん物質を与えたラットに、通常えさ・10％の味噌えさとで比較したところ、味噌えさを与えたグループのほうが「細胞増殖の少ない腫瘍」であったり、腺がんの数が少ない、という結果になりました。

その味噌えさも「発酵初期の味噌」と「180日熟成の味噌」とで比較すると、明らかに熟成が進んだ味噌のほうが効果的だったのです。発酵初期の味噌では、通常えさのラットと大差はなかったので、この場合には「熟成が進んでいること」に重要な意味があったと見られています。

※このがんは、たばこに起因しますが、もう一つ、たばこが原因となる肺がんには「扁平上皮がん」があります。もちろん、タバコは百害あって一利なし、ということです。

人体をベースに、肺がんリスクと大豆イソフラボンの関係については、国立がん研究センターが研究を続けています。イソフラボンと肺がん発生の間に明確な相関関係は見いだすに至っていませんが、それでも「喫煙者でイソフラボンを摂取した人」よりも「非喫煙者でイソフラボンを摂取した人」のほうが、肺がんになりにくいことはわかっています。

日本人に多い〝肝臓がん〟〝大腸がん〟にも

同じような話の繰り返しになるので、なるべく簡単にしましょう。肝臓がんは子宮がん同様、ウイルスが原因であることは知られています。放射線や化学発がん物質で誘発した肝臓がんにも、同様に抑止効果が確認されました。2グループのマウス、それぞれに発がん物質と通常えさ、発がん物質と味噌えさを与え、肝腫瘍が52週間の間にどの程度発生したかを比較しました。結果、通常えさのマウスでは1匹あたり40個以上の肝腫瘍が発生。対して、味噌えさグループでは、ほぼその半分でした。さらに中性子線という放射線を照射して、発がんを促進してみました。すると、その場合でも味噌えさのマウスのほうが圧倒的に、肝がん発生率が低かったのです。ここで特徴的だったのは、特に雄のマウスに効果が顕著だったこと。発がん物質＋中性子線でがんを促進した中で

雄・普通えさ↓60％以上が肝がん発症
雌・普通えさ↓約30％が肝がん発症
雄・味噌えさ↓約10％が肝がん発症
雌・味噌えさ↓約10％が肝がん発症

だったのです。肝がん発生の抑制率が、特に雄で大きいことがわかったのです。つまり、味噌は放射線や発がん物質により誘発された肝腫瘍を抑える、というのが結論です。

ある研究で、広島・長崎の被爆者のうち、肝臓がんと診断された・肝臓がんで亡く

なったという方々と、それ以外の原因で亡くなった方々の、過去2年間の食生活を比較したことがあります。すると、肝臓がんにかからなかった人たちのほうが、豆腐などの大豆食品をより多く食べていたことがわかったのです。

大腸がんと味噌については、

・前がん病変（がんになる確率が高い組織の異常）を抑制する

・大腸がんの成長をおさえる

の2つの機能が確認されています。

まず、前がん病変への影響について。がん化する恐れのある組織が抑制できれば、それにこしたことはありませんよね。

おなじみのラットたちに、食塩を含むえさと味噌えさ、それも味噌の量を5％、10％、20％と分けて与えてみたところ、5％程度の味噌では効果は見られませんでしたが、20％の味噌えさでは食塩えさのラットにくらべて大腸がんの抑制力が確認されました。

次に、普通えさ・熟成初期の味噌えさ・180日熟成味噌えさ で大腸前がん病変の数を比べたところ、熟成１８０日味噌のグループが最も発生数を抑えられることがわかりました。やはり熟成味噌の効果は大きい、ということです。味噌ではなく褐色色素メラノイジンをまぜたえさでも実験しましたが、同様な効果が確認されています。

これらは大腸前がん組織に対しての実験でした。では、大腸がんにはどうでしょう。大腸前がんのラットをえさ別に24週間観察したところ、予想通り、普通えさを与えたラットよりも、１８０日熟成味噌えさのラットの腫瘍のほうが、サイズが小さく抑えられていました。

味噌とがんの関係には、まだまだ解明しきれていない部分がたくさんあります。しかし、ここまで見てきて「おおむね、味噌はがんに効果がありそうだ」と結論付けても問題ないだけの結果が得られていると思います。

前にも書きましたが、食べることにデメリットがないのであれば「味噌や大豆製品を食べておいても損はない」のではないか、と思うのです。味噌の消費量が減りつつあり、西欧的ながんが増えている事実を見れば「がんを減らすためには味噌を！」と主張するのもお分かりいただけるでしょう。

第四章

味噌をまいにち使って健康になる

第三章では、日本人の死因第一位である『がん』についてまとめました。本章では、がん以外の疾病についてご紹介しましょう。

確かに、がんは恐ろしい病気です。しかし、その他にも私たちのＣＯＬ（クオリティオブ ライフ＝生活の質）を脅かす病気はたくさんあります。

年齢を重ねれば、誰であれ、体の機能は衰えていきます。代謝は低下し、体力は落ちていきます。日々食べているものが体を作っていく、ということはもはや常識ですが、毎日の習慣であるだけに、改善は難しいもの。その蓄積が生活習慣病の原因になっていきます。

成人病、生活習慣病といわれる疾病の恐ろしいところは、さまざまな要因が作用しあって引き起こされることです。

高血圧から動脈硬化へ。動脈硬化が心不全や心筋梗塞、脳卒中へといった具合です。幸いなことに、味噌のパワーはそうした生活習慣病を未然に防ぐ働きにも有効です。

なにが・どうよいのか、ご説明しましょう。

味噌の塩分は大丈夫。高血圧にも効く

塩分の摂りすぎは胃がんを誘発する、というのに、味噌を食べると胃がんが抑制される、というお話をしました。

「塩分の摂り過ぎは生活習慣病の元」という常識が行き渡るとともに、味噌＝塩分、と思われて敬遠されていたのも事実です。

詳細なメカニズムは明らかになっていませんが、同じ濃度の塩分でも、味噌に含まれる塩分と塩化ナトリウム（NaCl）では、身体への作用に違いがあるのではと考えられています。

塩分と聞いて思い浮かぶ症状。それはまさに「高血圧」ではないでしょうか。

生活習慣病は「バランスの悪い食事」「運動不足」などが招くもの。その代表格が高血圧症、脳卒中、心臓病、糖尿病です。

特に脳卒中や心臓病は命に係わることも珍しくありませんし、仮に命をとりとめても、後遺症などで以後の生活の質に大きな制約が発生する可能性もある、恐ろしい病

気です。

こうした深刻な病気を引きおこす要因、それが高血圧です。

高血圧がいかによろしくないか、ここで詳しく説明するまでもないでしょう。しかも恐ろしい事に、高血圧そのものには自覚症状がほとんどありません。自分の血圧を把握し、食生活や適度な運動などで意識して管理しなければならない。それが高血圧です。

そんな高血圧にならないようにするには、もちろん工夫が必要です。

繰り返しになりますが、高血圧を招くのは塩分の多い食生活です。これはもはや常識と言っていいでしょう。世界的に見ても、日本国内に限っても、塩分濃度の高い料理をよく食べる地域の人の血圧は、そうでない地域の人と比べて高いことがわかっています。

日本人は世界的に見ても、塩分多めの食生活をしています。特に東北地方の料理は塩分濃度が高めです。したがって、高血圧の人も多くみられます。

そんな日本なのに、世界的長寿国なのです。一体なぜでしょう。

前提として押さえておきたいポイントはふたつあります。

ひとつは、ある程度の塩分は必要だ、ということ。

塩分は動物の身体にとって欠かせない養分のひとつです。塩分を控えれば、たしかに血圧は下がりますが、控えすぎると別の血管系疾患のリスクが高まってしまいます。つまり塩分は摂りすぎても、控えすぎてもいけない、ということです。

もうひとつは、事実、日本が長寿国であるということ。これは欧米の研究者も不思議に思い、注目しているポイントです。

実際、日本人は塩分摂取量ほどには高血圧ではありません。

日本、中国、アメリカ、イギリスの四か国で、ナトリウム摂取量と血圧の関係を調べたデータがあります。（図12）

一日当たりのナトリウム摂取量は、日本が最も多い（およそ5g、塩化ナトリウムとして11g）のですが、血圧は四か国中で最低なのです。これはいったい、どういうわけでしょうか。

その理由のひとつに、食塩感受性があります。聞きなれない言葉だと思いますが、実は食塩を摂って血圧が上がるか・上がらないかは、人によって異なります。食塩感受性のある人（ラット）は食塩を摂ると血圧は上がります。しかし、食塩感受性がないタイプの人（ラット）もいて、そういう人は同じ塩分を摂っても、血圧が上がりません。このようなタイプを食塩非感受性といいます。

　そして日本人には、この「食塩非感受性」の人が、比較的多いと言われているのです。

　さらにもうひとつ理由があるとすると、やはりそれは味噌でしょう。

　前にも味噌に含まれる食塩は食塩単体のような作用を及ぼさないと説明しました。ラットに通常えさ・味噌えさ・食塩えさをそれぞれ与えて比較した食塩感受性のラットの実験では、胃がんの実験のときと同様、味噌えさのラットでは血圧

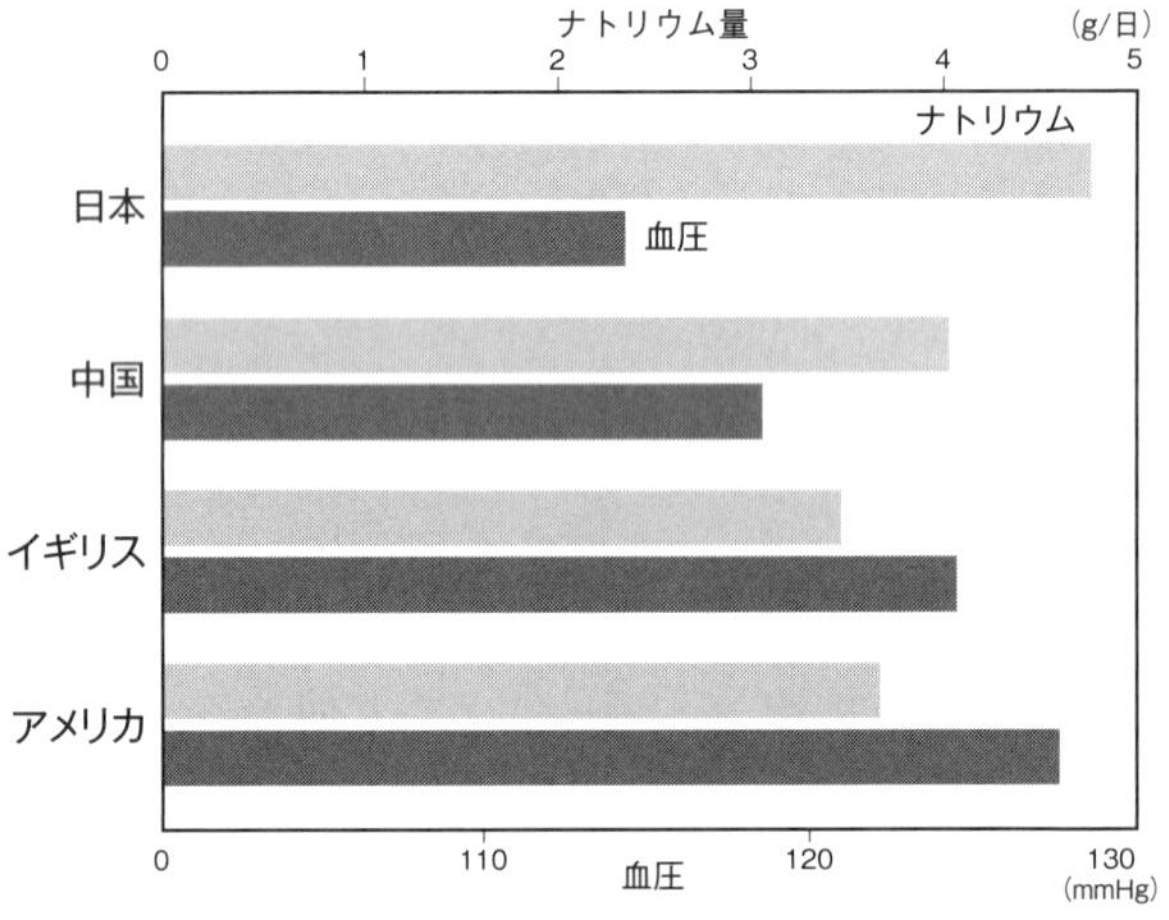

Anderson CA 他　J Am Diet Assoc 110:736-745, 2010. より作成

図 12　ナトリウムと最高血圧との関係

が上がらなかったのです。

食塩えさを与えたラットは高血圧になり、同じ濃度の食塩を含む味噌えさと、通常えさのラットには血圧上昇は見られませんでした。どうやらここでも、味噌の塩分とNaClとでは働きが違うのではないかと考えられる結果になりました。

そこで改めて日本人の血圧と塩分摂取量について考えてみると、日本人が塩分摂取量の割に血圧が高くないのは、他の国々の人とちがって、味噌で塩分を摂っているからではないかと推察できるのです。

さらに、味噌には血圧を上昇させないだけでなく、むしろ下げる働きがあることもわかっています。ある実験では、自然発症の高血圧のラットに味噌抽出物を与えたところ、血圧が下がってきたことが確認されました。ただし、この「味噌抽出物」は味噌から塩分を取り除いたものでしたので、味噌そのものの効果として評価することはできません。

しかし、実験上では、このような結果が確認されているのです。更に先ほどのラットを用いても味噌を与えたグループで血圧は上昇しませんでした。

最近国立がんセンターの研究では、発酵性大豆製品（味噌、納豆など）をたくさん食べる人は血圧が低下しているという疫学的な報告がなされました。前述のイソフラボンンにも同じ効果がありますが、発酵していない大豆製品やイソフラボンでは血圧の低下は見られなかったそうです。http://epi.ncc.go.jp/jphc/outcome/7960.html

そのほか、味噌が血圧を抑えてくれる仕組みとしては、イソフラボンや褐色色素「メラノイジン」もかかわっているとされています。メラノイジンには、ACEという酵素の働きを妨げることがわかっています。

ACEは血管壁の細胞の中にあって「血圧を上げるホルモンの生成を促し」「血圧を下げるホルモンを分解する」のですが、その活動をメラノイジンが妨げるのですから、血圧が上がりにくくなる、というわけです。

また、味噌の中には発酵熟成の間に血圧を下げる働きをするほかの物質も見つかっています。

血圧が下がれば…脳卒中も心筋梗塞も

諸悪の根源、高血圧が抑えられればこっちのもんです。高血圧から引き起こされる脳卒中や心筋梗塞のリスクも、おのずから低くなるのです。とはいえ、研究者としては、単純な連想ゲームで結論を出すわけにはいきません。

実験用に、遺伝子的に脳卒中になりやすいラットを用意します。これは何代も交配させて作った、いわば「必ず脳卒中で死ぬ」脳卒中ラットです。このラットにさまざまなえさを与えた場合の寿命を比べてみると、

通常えさのラット↓１００日以内で生存率０％

大豆たんぱくえさのラット↓生存率０％になるまでに2倍の所要日数

という結果があります。いずれも死亡原因は脳卒中ではあるのですが、寿命が倍に伸びた、ということです。

そこで私たちはこの「脳卒中を起こすラット」に、通常えさ（何も添加していない・塩分は0.3％）、味噌えさ（塩分量2.8％）、食塩えさ（味噌と同じ量の塩分2.8％を含む）を与えました。結果はどうなったか。

味噌えさを与えたラットの血圧上昇は通常えさと同様でした。また、脳卒中の発生は食塩えさで最も早く生じました。しかし味噌えさでは食塩えさと同等の食塩が含ま

れているのにかかわらず0.3％食塩の通常えさとおなじでした。つまり、遺伝的に脳卒中になりやすい因子を持っていたとしても、しかるべき食生活を心がければ発症を予防することができることが実験で証明されたのです。

脳梗塞や心筋梗塞のリスクについては、女性にのみ、有意義な結論が得られています。大豆製品を週5日以上食べる人と、週に0〜2日の人とを比べると、前者のほうが脳梗塞で0・64倍、心筋梗塞では0・55倍、循環器疾患での死亡リスクはなんと0・31倍に抑えることができたのです。

脳梗塞や心筋梗塞のリスクは、イソフラボンの摂取量に応じて、低くなることがわかっています。特に閉経後の女性では、イソフラボンの摂取量が多い人ほど、脳梗塞・心筋梗塞のリスクが低かったのです。

日本人の死亡原因トップ3、がん、脳卒中、心臓疾患。そのどれにも、味噌をはじめとする大豆製品が有用であることがわかりました。

超高齢社会の日本、健康寿命を伸ばし、医療費の財政負担を減らすという観点からも、味噌汁とご飯の和食への回帰を、本格的に考えるべき時に来ていると実感できる結果だと思います。

糖尿病から美肌まで…味噌パワーの可能性

日本人を苦しめる疾病は、まだまだたくさんあります。が、味噌はそうした症状や病気にも効果があることがわかっています。ここから先は味噌に限らず、味噌をふくむ大豆製品一般のデータをもとにしたお話です。

●糖尿病

若い人にも発症の可能性があり、型によっては肥満や高血圧と無縁な人でも罹る可能性がある厄介で深刻な病気が糖尿病です。

糖尿病はインシュリンというホルモンがうまく作用せず、血液中の血糖値が高い状態が続くことによって起きる、さまざまな代謝異常と、それに伴う諸症状のことをいいます。

軽度なうちは明確な自覚症状に乏しく、口が渇く・水分を欲しがる・尿が増える程度。ですが、症状が進むと、食べても太らない（むしろ体重が減る）、ひどくなると意識を失うほどの発作に見舞われることもあります。軽度のうちに血糖値コントロールをはじめないと、やがては合併症で手足に痺れが出たり、発汗異常や立ちくらみ、視力低下から失明に至るケースさえあります。男性機能の低下や腎臓の機能低下、ついには人工透析が必要になるなど、日常生活に支障をきたす場合もあるので深刻です。

糖尿病には大きく分けて、

1型糖尿病…自己免疫の仕組みに不調が起こり発症する

2型糖尿病…肥満、過食、運動不足、ストレスなどから発症する

があります。日本人の場合、多くが2型で、遺伝的要素もありますが、糖尿病患者には肥満の人が多く、環境要因も大きいと言われています。

つまり糖尿病を防ぐには、食生活に気を付けて運動をし、肥満を防止すること。血糖値が急激に上昇したり、高いままにならないようにすることも大切です。何より問題なのは、その血糖値を下げてくれる唯一のホルモン、インシュリンが効きにくくなってしまうことです。高血糖が続くと、それを下げようとして大量のインシュリンが放出されます。この大量放出が続くと、インシュリンが逆に効きづらくなるのです。

インシュリンの本来の働きは、

・血糖値を下げる
・血液中のブドウ糖を筋肉や脂肪細胞に送り込み、活動エネルギーに変換する
・血液中のブドウ糖を筋肉や脂肪細胞に送り込み、蓄えるよう促す

などです。これらが機能しなくなることで、全身に栄養が行き渡らず、さまざまな症状が出るというわけです。

大豆イソフラボンには、この状態を改善する力を持っています。台湾で行われた実験では、閉経後の女性を対象に、イソフラボンを継続的に摂取した人は血糖値がベースラインの85％に低下。インシュリンは67％まで減少しました。大豆イソフラボンによって糖尿病のリスクが軽減されたといってよいでしょう。

同様の研究結果は、国立がん研究センターからも発表されています。大豆製品やイソフラボンの摂取が糖尿病全般のリスクを下げる、とまでは断言できませんが、少なくとも閉経後の女性に限っては、その予防に役立つといえる結果であると結論づけられています。また、遺伝的に肥満傾向の強いマウスにイソフラボンを与えた実験から、大豆製品やイソフラボンがインシュリン感受性（インシュリンの効きやすさ）を改善させたと確認できる研究報告もあります。

味噌に限定していえば、褐色色素・メラノイジンに、食べ物の消化速度を遅くする効果があることがわかっています。消化の速度が遅ければ、それだけ食後の血糖値の上昇もゆるやかになります。血糖値の上昇がゆるやかであれば、インシュリンを分泌する膵臓への負担も少なく、肥満や糖尿病へのリスクも低減されます。食べたものはゆっくり消化・吸収されるのが健康には理想的なのです。

メラノイジンについてはこんな実験報告もあります。

ジャガイモの団子にメラノイジンをまぜたものと、まぜないものを用意します。それぞれをもぐもぐと3分間咀嚼して、消化率を比べてみたところ、メラノイジンを含む団子は含まない団子に比べて、70%しか消化されていませんでした。

これは、メラノイジンが唾液に含まれる消化酵素の働きを抑制したためだと考えられています。

ラットに、メラノイジンをまぜた砂糖水を与えた場合と、ただの砂糖水を与えた場合とを比べても、メラノイジンを与えたほうが、血糖値の変動は緩やかであることがわかっています。これは腸内の消化酵素の働きをメラノイジンが抑制した結果でした。

大豆製品や味噌由来の成分が、血糖値やインシュリンに影響を与え、糖尿病の予防につながることが、お分かりいただけたと思います。さらに味噌の中には血糖値を下げる物質も見つかっています。

コレステロールを下げ、肥満・脂肪肝予防にも

糖尿病以前の、肥満の予防にも大豆製品は有効です。メタボリックシンドロームという言葉は、すっかり浸透しました。内臓に脂肪がたまり、高血圧や高血糖、高脂血症などの症状を呈する状態をいい、代謝異常によって肥満が引き起こされ、将来的な脳や心臓の疾患に結びつくと考えられています。

さて、大豆たんぱくには血中の総コレステロールやＬＤＬコレステロール、中性脂肪（トリグリセライド）を下げる作用があることがわかっています。ＬＤＬコレステロールとは、いわゆる悪玉コレステロールのこと。これが増えると血管に負担がかかり、動脈硬化を起こしやすくなるといわれています。

具体的には、大豆の有効成分のうち、リノール酸と大豆レシチン（大豆油に含まれ

る不飽和脂肪酸）にはコレステロール上昇を抑える働きが、大豆のたんぱく質に含まれるペプチド、食物繊維のサポニンなどにも同様のコレステロール低下作用が認められており、これらの機能は味噌に加工された後も変わらないことがわかっています。

閉経後の女性で調査したところ、大豆たんぱくを30ｇ摂取したら、総コレステロール、ＬＤＬコレステロール、血中の中性脂肪も低下したという結果も報告されています。この状態が続けば肥満を改善、心臓病リスクをも低減させることも可能でしょう。

味噌についての実験では、脂肪肝のラットに対して味噌えさを与えると、肝臓に蓄えられた脂肪が減少した、という結果を得ています。高コレステロールのラットに脱塩味噌えさを与えたところ、通常えさのラットに比べて血中コレステロールが低い状態で維持できたこともわかっています。さらに味噌には、脂肪肝を防ぐ効果もあるのではないかと期待されています。

メラノイジンが腸をお掃除

褐色色素・メラノイジンには腸をきれいにしてくれるという働きもあります。腸内には1000種類、1000兆個もの細菌がいて、その中にも「善玉菌」と「悪玉菌」がいることはよく知られていますね。さらに、どちらか勢いのある方に加勢する「日和見菌」までいるのだから、腸内環境とは面白いものです。

もちろん、悪い物質をきちんと排泄するためにも、腸内には善玉菌を増やしておくことが大切ですが、そこで一役買ってくれるのがメラノイジンなのです。

メラノイジンの研究の多くは栄養学者であり、女子栄養大学副学長、社団法人中央味噌研究所理事でもある五明紀春農学博士の研究によります。メラノイジンを加えたえさを与えたラットでは、通常えさのラットと比べて、腸内の乳酸菌が10倍にも増えることがわかりました。乳酸菌の働きが活発になれば、便の排泄もスムーズになりますから、腸はきれいになります。腸内の粘膜組織の再生が活発になり、老廃物を効率よく排出。発がん物質のような悪いものはもちろん、体内の老廃物もため込まずに済みます。

結果、もたらされるのは何か。ダイエット効果、美肌効果、老化予防、というわけです。さて、メラノイジンが豊富に含まれるのは、熟成が進んだ味噌です。味噌を常食することは、それだけでデトックスになるというわけです。

老化予防と骨粗しょう症

生き物は誰でも、必ず歳をとります。歳をとると身体は老化します。老化とは何でしょうか。生物の身体は全身の細胞が常に生まれ変わり続けて、維持しています。もちろん、その箇所ごとに生まれ変わるスピードや周期は異なります。味噌が放射線を防御する、という説明をした中に、小腸腺窩の細胞再生について触れましたが、味噌に含まれる成分には、細胞の生まれ変わりを助ける力があります。

また、体内に過酸化脂質が増えると、血管や脳細胞など、あらゆる細胞の老化が促進されることがわかっています。その大きな原因のひとつが活性酸素（ラジカル）と呼ばれるもの。酸素は酸素でも、私たちが普段、呼吸することで肺から取り入れる安定した酸素とは性質が違います。紫外線や放射線などの影響を受けて不安定な酸素に変わったもの、それが活性酸素です。

活性酸素は体内で他の物質と結合しやすい性質があり、酸化物を作り出します。体内に過酸化物が増え、細胞の老化をはやめたり、遺伝子を傷つけて疾病を促進してしまいます。そんな有害な活性酸素に太刀打ちする成分をラジカルスカベンジャーといい、これを多く含んだ食物を摂れば、老化を防ぐことができるというわけです。

さて、味噌に含まれるＤＤＭＰサポニンが、このラジカルスカベンジャーである、という研究発表もあります。ＤＤＭＰサポニンは大豆に含まれますが、実験によれば、特に味噌に含まれるそれが群を抜いて有効だったといいます。

骨粗しょう症も、歳をとると出てくる症状です。これはカルシウムが不足して骨密度が低下してしまう症状で、ちょっとした転倒でも骨折に繋がったりする困りもの。最大の予防策はカルシウムの豊富な食品を食べ続けることですが、豆腐などの大豆製品にもカルシウムはしっかり含まれています。豆腐でも納豆でもよいのですが、特に味噌汁は、だしをとるのに使う煮干しやかつお節、具に使われる豆腐やワカメ、野菜類にもカルシウムが含まれます。もちろん、味噌にも含まれていますから、具だくさんの味噌汁を食べることで、効率よくカルシウムが摂取できるというわけです。

認知症にも期待

超高齢社会で大きな問題になっているのが認知症です。身体的な介護はもちろん、家族が認知症になったことで大変な負担を強いられる家庭は、今後ますます増えていくでしょう。最近、認知症を遅らせる成分「フェルラ酸エチルエステル」が味噌にも含まれていることが、早稲田大学の中尾洋一教授と味噌メーカーの研究によって明らかになりました。この成分は通常、米ぬかなどに含まれており、サプリメントにも活用されています。味噌の主原料である大豆や米麹には含まれていないはずなのですが、発酵の段階で生成されるのではないか、と予想されています。現時点では味噌での含有量は健康効果が期待できるほどには多くないため、今後は含有量を増やす製法の開発など、さらなる研究を重ねる予定だとのこと。

味噌についてはまだまだ、わかっていないことがたくさんあるのです。

これまで、がん、高血圧、糖尿病、その他疾患と、味噌のすごいパワーについてお話してきました。いかに味噌が万能選手か、お分かりいただけたでしょうか。

これら味噌に含まれる成分がいかにして作用するか（機序といいます）、解明されているものもあれば、状況証拠だけでメカニズム解明に至っていないものもたくさんあります。古い文献にあたると、元禄時代に出版された『本朝食鑑（ほんちょうしょくかん）』に「味噌は体を温めて気分を和らげ、血行や便通を良くし、身体を丈夫にし、食欲をそそらせる効果がある」と書かれています。

私たちが科学的に解明しようと必死になっている味噌の健康効果のほとんどが先達たちにとっては経験で語り継げるほど実感されていたのだと、あらためて実感します。

どんな文化も習慣も、具体的なメリットのないものはやがてすたれてゆきます。味噌がこれほど長く存続しているのは、おいしいだけでなく「体によいものだったから」。だからこそ１３００年もすたれることなく続いているのだと私は考えています。

※倫理面への配慮について

動物実験での動物の取り扱いに関しては、動物愛護の精神に立脚し、広島大学実験動物取扱い指針に従って、動物の苦痛を最小限にとどめるよう処置を行っています。また、放射性同位元素を使用する実験を行う場合は、「放射性同位元素等による放射線障害の防止に関する法律」に基づき、広島大学原爆放射線医科学研究所放射線障害予防規定に従って承認を得て行ったものです。

第五章

味噌を
食生活に活かす
ヒント集

ここからは味噌をいかに毎日の食生活に活かすか、そのヒントになりそうな話題を取り上げたいと思います。

味噌汁は和食の基本であり、日本人の食習慣に深く根付いています。また、洋食やパンにも合う料理であることもご紹介しました。味噌を食べることを毎日の習慣にするには、その楽しみ方を知っておいたほうが、より多彩な味わい方ができるというものでしょう。

料理が苦手とか作る習慣がない、という方に知っていただきたいのは、味噌は手軽でインスタントな使い方ができる食材であるということです。

料理が得意で毎日している、という方に知っていただきたいのは、調味料としてあらゆる使い方ができる上、アイデア次第でさまざまなバリエーションが広がるのだということです。

インターネットにはさまざまなレシピサイトがあります。「味噌」「レシピ」と入力して検索するだけで、ものすごい数の料理が出てきます。ぜひ、味噌を使った献立に挑戦してみてください。

味噌とだしの関係

日本料理の基本といえば、だし、と連想される方は多いでしょう。味噌汁はもちろん、お吸い物や煮物、鍋物など、どんな料理にもだしはついて回ります。だしそのものに、強い味はありませんが、それでも日本料理に欠かせない要素です。では、だしは何のためにあるのでしょうか。それは「うま味」を付与するためです。人間の舌には味を感知する味蕾（みらい）という器官があります。味の感覚は従来、「塩味」「甘味」「酸味」「苦味」の4つと言われてきましたが、それらに次ぐ第5の味覚として「うま味」は認定されています。

正式には1985年10月、ハワイで第1回UMAMI学会が開催され、93年の第11回嗅覚・味覚国際会議（札幌にて開催）で大きく報道され、認知されました。UMAMIなんて書くと、なにか冗談ぽく思えるかもしれません。しかし、日本語の「うま味」を示す外国語はないのです（おいしい、という言葉ならもちろんあります）。そのため、うま味はUMAMIとして英語になり、世界中で使われています。

では、うま味の正体は一体なんでしょう。
うま味の主成分は、
グルタミン酸（アミノ酸）とイノシン酸（核酸）とグアニル酸（核酸）です。
（すみません、ちっともおいしそうに思えないでしょう。）
グルタミン酸…昆布、イワシ、パルメザンチーズ、緑茶、トマト
イノシン酸…煮干し、かつお節、鯛、サバ、豚肉
グアニル酸…しいたけ
とうま味の入っている食材を紹介すれば、お分かりいただけるでしょう。どの食材も加熱すれば煮汁や油にうま味が染み出すものばかり。そう、いわばだしの素になるものばかりです（アミノ酸系調味料の商品とは別です）。
さて、味噌には大豆由来のグルタミン酸が含まれています。
煮干しのだしにはイノシン酸が
昆布のだしにはグルタミン酸が
削り節（かつお）のだしにはイノシン酸とグルタミン酸が
含まれています。これらと味噌が結合すれば、うま味が増すのはおわかりいただけま

すね？

「味噌汁＝おいしい」は科学的にも正しいのです。特にグルタミン酸と核酸は、一定の比率で配合するとうま味の相乗効果がより高くなることがわかっています。グルタミン酸ナトリウムに対しイノシン酸ナトリウムを20〜70％ほど配合したときが、何倍にもうま味が強くなる、というデータもあります。

さて、ではうま味は日本料理だけのものでしょうか？そんなことはありません。国際会議でＵＭＡＭＩとして表示されるのですから。

うま味＝グルタミン酸＋イノシン酸　として考えると、

日本料理　昆布＋かつお節や煮干し

西洋料理　セロリ・玉ネギ・ニンジン＋肉類

中国料理　長ネギ・ショウガ＋鶏肉やホタテの貝柱

などがそれに相当します。世界各国、食料事情も気候条件も食文化も異なりますが、それぞれの土地の事情条件の中で、素材の組み合わせによってうま味（ＵＭＡＭＩ）は生み出されていたのです。

だしの基本とは

だしにはうま味成分があることはご紹介しました。
では、家庭の主婦はどのようにしてだしをとっているのでしょうか。
ここではまず、基本に忠実な、だしのとり方をご紹介しましょう。

■昆布だし

昆布は煮立たせてしまうとぬめりや雑味が出やすくなります。
そのため、水に浸す時間をしっかりとって十分にうまみを引き出し、最後に加熱。
沸騰する少し前に引き上げるのがポイントです。

1. 鍋に水と昆布を入れて30分ほどおく（昆布の量は水に対して1～2％）
2. 火にかけて、ふつふつと沸いてきたら昆布を取り出す

これだけで、昆布だしがとれます。簡単でしょう。

■かつおだし

かつお節のほかに、サバ節、アジ節などを使ってもおいしいだしがとれます。昆布同様、煮立たせて時間が経つと雑味が出ますので、沸騰したらすぐ、濾し取ります。

1．鍋に水を沸かし、かつお節を入れる。（かつお節の量は水の2～3％）
2．ふたたび沸騰してきたら火をとめ、ザルなどで濾す

■かつおと昆布の混合だし

昆布とかつお節をあわせただしです。方法は昆布だしとかつおだしを連続するだけ。水に昆布を浸けて、30分ほど置きます。火にかけて、ふつふつと沸いてきたら昆布を引き上げます。そこに、水の2～3％量のかつお節をいれ、再び沸騰してきたら火からおろして、濾すだけです。

昆布とかつおの複合で、よりうま味の濃いだしとなります。

■煮干しだし

味噌汁といえば煮干しだし、という人も多いことでしょう。昆布やかつおのだしに比べて、味・風味ともに強く、味噌に負けない味わいがあるからです。

煮干しはカタクチイワシを茹でて干したもの。関西では「いりこ」ともいいます。

煮干しだしはひと手間かけるとさらにおいしくなります。

1. 煮干しの頭と腹（ワタ）の部分を取り除く。臭み・苦味をさけるため
2. 雑味の少ないだしにしたい場合は、水に煮干し（水の量の2％ほど）を浸し、冷蔵庫で一晩以上置く。
3. うま味の強いだしにしたい場合は、水に煮干しを浸して（30分以上）から火にかける。じっくりと中火で沸騰させ、アクをすくい取りながら5分ほど煮出す。
4. ザルなどで濾（こ）す。

■煮干しと昆布の混合だし

味の強い煮干しだしも、昆布だしが加わるとほのかに甘みが加わり、まろやかになります。

1. 水に対して1～2％量の昆布と煮干し（頭と腹を除いたもの）を水に浸す。冷蔵庫で一晩以上おけば、そのまま使える。
2. さらに味を強めたい場合は、そのまま火にかけ、中火でじっくり加熱する。ふつふつと沸いてきたら、先に昆布を取り出す。
3. 沸騰してきたらアクをすくいながら、5分ほど煮出して、ザルなどで濾す。

だしと具の相性

いろいろなだしがあることをご紹介しましたが、さて、ではどんなだしを使えばよいのでしょう。

それには、具材との相性で考えるのがよいようです。

医学博士の小久保喜弘先生と管理栄養士の橋本ヨシイさんの共著『からだがよろこぶみそ料理』（祥伝社）によれば、

海藻（わかめなど）・野菜・豆類などグルタミン酸が多い食材には↓煮干しだし・かつおだし

魚介類（アサリなど）などコハク酸、イノシン酸が多い食材には↓昆布だしキノコ類（ナメコ・エノキダケ…）など、グアニル酸、グルタミン酸が多い食材には↓煮干しだし、かつおだし、昆布だしが合う、とのこと。

もっと手軽に楽しむには

忙しい現代人。食卓を手作りの料理で彩るだけでも、大変な労力です。そこで開発されたのが、いわゆる「即席だし」。

フリーズドライで顆粒になった昆布だしやかつおだしもありますし、あらかじめ魚粉などが紙パックになっていて、煮出すだけで手軽にだしがとれるものもあります。

もちろん、こうした商品だって、おいしいだしをとることはできますし、何よりその手軽さが、毎日の食生活にはありがたい存在でしょう。

こうした即席だしを利用することに、何ら問題はありませんが、ひとつ、注意点があるとしたら、塩分です。

先にご紹介したような「基本のだし」には、昆布やかつお、煮干しから自然に滲み出た塩分は若干ありますが、人工的に加えられた塩分はありません。一方、即席だしの中には塩分が入っているものがあります。その程度は製品によって異なりますので、味噌を溶く前に味見して確認するのがおすすめです。

一方、おいしい味噌汁を作るのにだしは不要、とする意見もあります。NHKの「きょうの料理」などで活躍する、土井善晴さんです。

「きょうの料理ビギナーズ」のテキストによれば、土井さんは「うまみ成分のあるトマトやキノコ類など、だしの出る具材を使えばよい」、「少量の脂が加わることでうま味が増すので、豚肉や鶏肉、魚介、あるいは油揚げなどを使う」としています。キャベツなどの野菜を少量の油で炒め、水を加えて味噌を溶くだけでも、油で炒めることでコクが増し、だしがなくても十分うまみのある味噌汁になるというわけです。実際、よくできた味噌には、大豆由来のグルタミン酸に加え、大豆たんぱくが分解されてできたうまみ成分も豊富に含まれています。こうした特徴も「だしが少なくてすむ」要因といえるでしょう。

味噌汁の具に決まりはないし、かつお節や昆布でだしをとらなくても、具材からしみだすうま味で十分おいしい味噌汁は作ることができるようです。うま味のある具材とお湯+味噌、これだけで立派なひと椀になるのです。

味噌のかしこく・おいしい活用法

ご存知のとおり、味噌の使い道は味噌汁だけではありません。

煮る、焼く、といった基本的な調理方法に利用できるほか、味噌そのものを味わう、味噌でなにかを漬ける、隠し味に使うなど、和洋を問わず、あらゆる使い方ができる万能調味料が味噌です。

■味噌で煮る

味噌汁は汁物だとして、そのほかに味噌で煮る料理には何があるでしょうか。

たとえば鍋物。前に紹介した飛鳥鍋（味噌と牛乳で仕立てた鶏鍋）のほかにも、味噌を使った鍋料理は数々あります。

北海道の石狩鍋は鮭や豆腐、キノコ類や野菜を味噌で煮込んだ鍋です。地域によってはぼたん鍋とも呼ばれる猪鍋（ししなべ）は、猪（イノシシ）の肉にゴボウなどを加えて作る鍋料理。全国各地にみられますが、主に関東は醤油仕立てなのに対して、中部から関西にかけては味噌仕立てが多いようです。海のミルク、牡蠣（かき）の土手鍋も味噌鍋のひとつです。広島県の郷土料理ですが、名産の牡蠣のほか、豆腐やネギなどの野菜を加えて作ります。

鍋料理以外の煮物でいえば、大阪のどて焼きもあります。牛スジをコンニャクなどと共に、味噌やみりんとともにじっくり煮込んだ料理です。東海地方では「どて煮」「どて」とも呼ばれ、豚のスジ肉やモツ（内臓肉）を使うこともあるようです。

煮魚にも味噌を使う料理はたくさんあります。代表的なのはサバの味噌煮でしょう。脂が多く独特の香りもあるサバは、生姜とともに味噌を使ってさっと煮て食べるとおいしいものです。全般に脂ののった魚が味噌煮に向くようで、ほかにもサンマやイワシ、川魚であれば鯉を味噌で煮た「鯉こく」がありますね。いずれも特徴は脂が多いほか、鮮度が落ちやすい青魚であったり、香りや風味に癖がある魚ということ。こうした魚を使う場合、臭い消しに味噌を利用して調理するケースが多いようです。

野菜の味噌煮もおいしいものです。ナスを練りゴマと味噌で炒め煮にする「ナスの利休煮」、豆腐や大根を味噌だれで煮込んだ「味噌おでん」は東海地方の郷土料理です。

■味噌に漬けて焼く・塗って焼く

真っ先に思い浮かぶのは、各種の味噌漬けでしょうか。豚肉や鶏肉、牛肉を味噌漬けにする料理もあります。家庭料理のほかにも、和牛の産地では日持ちのするお土産品としても愛好されているようです。肉をレモン汁やお酢に漬け込むと柔らかくなりますが、これはマリネード効果といって、低pH（酸性）状況下におかれることで肉の繊維に隙間ができて保水力がアップ。結果、焼いたあともプリプリの食感に繋がります。また、たんぱく質分解酵素も活性化し、筋繊維の結束力が弱まって肉質が柔らかくなります。味噌にも同様の効果があるため、味噌漬けにした肉類は脂肪分が少なくても柔らかく仕上がるのです。

魚の味噌漬けはなんといっても「西京漬け」「西京焼き」が有名でしょう。サワラやギンダラ、サケなどが有名ですが、全般に白身魚のほうが相性が良いようです。

そのほか、味噌で焼くというと、焼きおにぎりがあります。醤油や味醂でゆるく溶いた味噌を、おにぎりの表面にハケなどで塗りながら香ばしく焼き上げる焼きおにぎりは、ちょっとした軽食にぴったりです。味噌にゴマやシソなどをまぜて香ばしく仕上げるのもお勧めです。

■味噌で和える

和え物、というのも和食の手軽なジャンルです。小鉢などのちょっとした副菜になりますが、ここでも味噌は大活躍です。

もっともポピュラーなのは、酢味噌や辛子酢味噌で野菜などを和える「ぬた」でしょう。酢や和辛子と味噌を合わせると、酸味や辛味がマイルドになって味わい深くなります。タコやイカなどの魚介類、ワケギやニラなどのネギの仲間、キュウリやセロリもサラダ感覚で楽しめます。

ぬたの材料も味噌汁同様、決まりはありませんが、多く見られるのは、

≪魚介類≫

アオヤギ、赤貝、タコ、ホタルイカ、カツオ、タイ、スズキ、サヨリ、キスなど

《野菜類》

ワケギ、ニラ、キュウリ、ウド、ワラビなどの山菜など

また、酢味噌和え以外で味噌を和えるものといったら、なめろうがあります。なめろうは関東地方、主に房総半島の郷土料理。アジやサンマ、サバ、トビウオなどの青魚を三枚におろし、味噌とショウガやネギ、ミョウガなどの香味野菜を加えて、包丁でミンチ状に粘りが出るまでたたきにします。そのまま食べるほか、火であぶって食べるサンガ焼きなどもあるようです。

なめろうを冷たい水で伸ばして冷や汁にする料理など、アレンジのバリエーションも各地にあります。

ちょっと贅沢なお茶漬けとして知られる鯛茶漬けも、味噌和えの料理です。新鮮なタイの刺身を、練りゴマと味噌とで和えたものを、そのままご飯に載せて食べるもよし、上から熱いだしをかけて、半生になったところをいただくと、非常においしいものです。

■味噌に漬ける

先ほどの焼き物料理でも素材をあらかじめ味噌漬けにしていましたが、こちらは文字通り、しばらく漬けておいてからそのまま食べる料理です。

漬物の一種として、味噌漬けは人気があります。漬ける材料に決まりはなく、カブやニンジン、ダイコンなどの根菜をはじめ、キュウリやセロリなどの淡色野菜、ミョウガやニンニクなど、癖のある香味野菜も味噌漬けには向くようです。

変わったところでは、豆腐の味噌漬け。代表的なものに沖縄の豆腐ようがあります。豆腐を味噌に漬けることで水分が抜け、もっちりとしたチーズのような味わいになります。豆腐も大豆食品ですから、相性が悪いわけがありません。

カマンベールチーズやプロセスチーズを漬け込むと味わい深いおつまみに。また、半熟のゆで卵や、生の卵黄を漬けるのも個性的に仕上がります。

最近では、味噌とヨーグルトを合わせたものにズッキーニの薄切りなどを漬け込む、ズッキーニの味噌マリネなど、独創的なメニューもあるようです（『神州一味噌」み子ちゃんのアイデアみそレシピ』講談社刊 より）。

■生で味わう

日本には昔から、生のまま味わう味噌もあります。魚や肉、野菜などを混ぜて調味してあり、料理に使うものとは別もので「なめ味噌」と呼ばれます。主なものに金山寺味噌（ウリやナス、ショウガ、シソ、サンショウなどを混ぜて熟成させたもの）、鯛味噌（ほぐしたタイの身やそぼろを味噌に混ぜたもの）などがあります。

伝統的ななめ味噌だけでなく、最近はゴマやクルミを混ぜたもの、刻んだ青唐辛子を混ぜたもの、鶏そぼろ味噌、山椒味噌などをおにぎりのトッピング（具）として使うレシピもあります（『神州一味噌』み子ちゃんのアイデアみそレシピ』講談社刊 より）。

味噌はソースとしても活用できます。マヨネーズと合わせる、ヨーグルトと合わせるなどすれば、野菜のディップに、サラダのドレッシングに活用できます。おろしニンニクやショウガ、醤油、みりんと合わせれば、中華風ドレッシングにも。

■隠し味として…

このほか、味噌味といえるほど主張しなくても、おいしさを際立たせるための隠し味に使う方法も数々あるようです。

カレーのコク出しに。ひき肉やトマトと合わせて、パスタソースに。生クリームや豆乳と合わせて、グラタンに。使い方は自由自在。フランスの一流料理店のシェフも隠し味として活用していると聞いています。

味噌は発酵食品ですから、チーズやキムチなど、その他の発酵食品とも好相性。そう考えるとメニューのバリエーションは無限に広がりそうです。

●コラム

〝みそまる〟って何？

もっと手軽においしく味噌汁を楽しむために。そんなコンセプトで生まれたのが『みそまる』です。

みそまるとは、簡単に言えば一食分ずつに分けられた味噌団子。中にはだしの素になるものと具材が入っています。

一般的なみそまるは、

だし↓顆粒即席だしのほか、かつお節粉やいりこの粉末など（さっと炒ったかつお節や煮干しを砕いたもの）

みそ↓何味噌でも可。各地のご当地味噌も楽しい。

具材↓主に乾物。乾燥ワカメ、乾燥ネギ、お麩、切り干し大根など

これらを混ぜ合わせ、一食あたり味噌16～18gになるように丸めて作り

ます。中に入れる具材にもよりますが、冷蔵で一週間、冷凍なら一か月は日持ちします。お椀にみそまるをひとつ入れて、お湯を注ぐだけでいつでも簡単に味噌汁が楽しめるというわけです。

最近ではみそまるに砕いたアーモンドやあおさ海苔、おぼろ昆布などをまぶしてキャンディのようにラッピングする提案をすればギフトとして喜ばれる他にパーティやアウトドアのメニューとしてもおすすめです。

味噌の種類や具材を工夫すれば、ご当地みそまるも楽しめます。

詳しくはみそまるのホームページ
レシピ本「手軽に作れて、キレイに効く！　みそまる」（主婦と生活社）を参照してみてください。

第六章

味噌を
もっと知ろう

さて、味噌の持つ効果、味噌の活用についてお話してきましたが、そもそも、味噌とはどういうものなのでしょうか。原料は？製法は？いつ頃からあるの？　あるいは、どんな味噌を選べばいいの？保管方法は？……さて、どれだけの人が正しく、詳しく答えられるでしょう。

日本で生まれ育った人であれば、幼いころから自然に口にしていた味噌。そんなことは知らなくても生きて行けますし、これまで何の問題もなかったかもしれません。しかし、ここまで読んでくださった方は、すでに味噌には大変な力があることを知っています。その力を、ぜひ自分の健康と、毎日の豊かな（贅沢なという意味ではありません）食生活に生かしたいと思っていらっしゃるはずです。だったら、味噌について、より深く知っておくことは大いに意味のあることです。

どんなことでも、知れば楽しみは広がるもの。ここからは少しばかり、味噌の成り立ちや歴史、味噌の管理についても学んでみましょう。

味噌はいつからあるのか？

味噌の起源は紀元前（ＢＣ）にさかのぼります。紀元前１１００年から紀元前２５６年、中国・周の時代に甲骨文字で記された「周礼（官職制度とその職掌）」の『天官・膳夫』の条という記録があります。これは周王朝の、王や后の食膳にのぼる食べ物や調味料を記録したもの。

この中に、「八珍（八種類の料理）を作るには「醤」百二十甕（かめ）を使う」とあります。醤とは、肉と穀類の麹を混ぜ、酒を加えて発酵させた液体調味料のこと。魚醤、というのを聞いたことがある人もいるでしょう。魚醤は魚を利用して作った、醤の一種です。醤はそうして作られる調味料の総称ですから、醤百二十甕ということは、１２０種類もの醤を使う、ということです。

同じ時代、孔子（紀元前５５１年から４７９年）の論語にも、この「醤」は出てきます。「郷党第十の八」に「不得其醤不食　其の醤（しょう）を得らざれば食らわず」。つまり、（醤による）味付けがないと食べられない　とあります。

この論語が、世界最古の醤の記録とされています。

このように、醤は酢に次いで、世界最古の発酵調味料なのです。ちなみに、日本で

いう基礎調味料の『さしすせそ（砂糖、塩、酢、醤油、味噌）』の起源を古い順に並べると、
酢＝紀元前５０００年
塩＝紀元前１２００年
醤（醤油、味噌）＝紀元前１１００年
砂糖＝紀元前５００～１０００年
となります。
さて、とはいえ醤はまだ、味噌ではありません。
次に出てくるのは北魏の時代（紀元後３８６年から６３４年）に記された斎民要術（せいみんようじゅつ）。世界最古の農業技術書です。全十巻からなるこの書物の中に、田畑、果樹、牧畜、養魚、麹餅酒、醤豉、諸料理の技法についての説明があり、そこで大豆と麹を混ぜて、醤・豉を作る方法が説明されています。
ここに出てくる鹹豉（かんし）は、大豆麹を塩水に仕込み、発酵熟成させてから乾燥させたもの、とあります。これは日本の寺納豆、大徳寺納豆、天龍寺納豆、浜納豆などと同様のものです。

さて、ここまでは中国での話。日本ではどうなっているでしょう。

紀元701年の大宝律令に「醤」「豉」「未醤」の記述が現れます。特に「未醤」はみしょう、と読み、これが味噌の語源となったといわれています。

正倉院大日本古文書（730年）には尾張の国の出納大税帳が残されており、天平2年（730年）12月、醤と未醤を租税として徴収したという記録があります。

ちなみに、味噌という表記は934年に記された倭名類聚抄にも記載されています。

日本で最初に味噌の文字が現れたのは901年、「日本三代実録」です。

延喜式（927年、平安時代の政治規範）によれば、未醤、未醤、味醤、醤、醤滓、滓醤、豉、鹿醤、鹿未醤が役人の給料の一部として、また、贈答品としても使われるなど、貴重な調味料だったようです。

サラリーマンの語源がサラリー、塩（ソルト）に端を発するものであることを考えても、味噌や塩など、生活にも健康にも欠かせない調味料が、貨幣のように扱われていたことがわかります。延喜式の時代、京都市中には、何軒かの味噌専門小売店があったことも、記録されています。

応神天皇（369―404年）時代には、酒のつくり方と相前後して酢のつくり方が大陸から伝わってきたとされており、味噌、醤油の起源となる醤の技術と合わせて、大陸から渡ってきたと思われる発酵技術が日本に根付き、日本ならではの食材や気候風土に合わせて試行錯誤が重ねられました。その結果、今と変わらぬ多彩な味噌が、各地で誕生したようです。そんな中から、現在も日本独自の料理法である「味噌汁」が生まれたのです。

鎌倉時代（1200年代）に入ると、禅寺に伝わっていたすり味噌（すり鉢で擦る味噌）が一般にも広まるようになりました。それ以前の味噌は寺納豆や浜納豆のように、豆粒の形をとどめていてコロコロと、とても汁に伸ばすには扱いにくいものでしたが、すり鉢で擦ることでペースト状になり、お湯で溶かしやすくなりました。各段に扱いやすくなったことを受けて、味噌汁が誕生したと思われます。

この料理法が、質素な暮らしをしていた武家社会に広まり、一汁一菜という、現在の和食の基本スタイルが確立したのです。

時代が下って、戦国時代。武将たちは味噌をたんぱく源、ミネラル（塩）源として活用していました。

武田信玄（山梨県・長野県）は信州味噌を作りました。信濃への遠征時、味噌の増産を奨励。草を味噌漬けにして乾燥させ、腰ひも（芋ガラを干して縄にしたもの）で下げて携行したといわれております。それを野菜の味噌汁、陣立味噌として食べたということで、これが信州味噌発展の原点であり、即席味噌の原点でもある、ともいわれています。

伊達政宗（宮城県）は仙台味噌を発展させました。城下に塩味蔵という日本初の味噌工場を作ったとされています。

徳川家康（愛知県）は八丁味噌（豆味噌）を。五菜三根の味噌汁を食べていたといいます（日本食文化研究家・永山久夫氏の説による）。

前田利家（石川県）は越前味噌です。

このように力のある武将のお膝元で発達し、豊かな食文化が花開いたのです。

時代が江戸、元禄を迎え、国内の政情は安定しますが、元禄8年（１６８８年）記された日本初の食品学術書、『本朝食鑑』（ほんちょうしょくかん：矢野正次訳）には次のようにあります。

(味噌の中の)大豆は美味で、食せば身中が温まり、気分を鎮め、心をゆったりとさせ、血行をよくし、酒毒を散ずるものである。

(ビタミンB_{12}、B_2、アミノ酸の働き)

味噌は大豆と麹で作るので、麹の美味と温まる性質とを加えて、味噌を食すれば便通をよくし、元気が出るし、血を作り、血のめぐりをよくするものである。

(イソフラボン、ビタミンB_{12}、サポニンの働き)

塩と一緒になり、五臓に入って血のめぐりをよくし、悪い血をおさめ、身体を丈夫にし、体毒を消し、血圧を低くし、体をつやつやさせ、痛みをとめ、吹き出物などを防ぐ。また、よく食欲をそそらせる

(タンパク質、アミノ酸、プロスタグランジンE、コリン、イソフラボン、酵素の働き)

このようなわけで、味噌は大豆、麹、塩鹹が調和して、熱が出れば味噌を食すことにより熱をさまし、寒気がすれば味噌を食することで身体を温め、気性のきついものはやわらげ、気の弱いものは盛んにし、性急なものはゆるやかにし、しまりがない者はしまりのあるようにし、ぼうっとしている者もやめさせ、凝りなどをほぐす（タンパク質、アミノ酸、イソフラボン、レシチンの働き）

いかがですか。

何だか万能薬のようなほめたたえぶりですね。

ごく少量でも体を活性化させる味噌の威力を、当時の人々は身をもって体験していたのだと思われます。

実際、日本語には味噌や味噌汁についてのことわざや言い伝えがいくつもあります。

「医者に金を払うより味噌屋に払え」

江戸時代のことわざです。

「味噌汁一杯三里の力」

どこかのキャラメルのコピーのようです。一里は４㎞。一杯の味噌汁には12㎞歩けるほどの栄養がある、という意味です。

「味噌汁は医者殺し」

最初のことわざと同じですね。お金がみんな味噌屋に行ってしまっては、医者は開店休業、やっていけない、というわけです。

「味噌汁は不老長寿の薬」

これも言葉どおりです。味噌汁を食べていれば、元気で長生きできますよ、ということです。

また、味噌の三礎（さんそ）という言葉もあります。三礎とは「味の素（そ）」「命の素」「美の素」であるという意味。たったひとつの食品で、ここまで効用のあるものは、ほかにないでしょう。

味噌の成り立ちを知る

味噌とは一体何か。それを簡単に説明するならば

「大豆を蒸し煮し、大豆・米・麦などで作った麹と食塩を混合し、発酵熟成させた半固形状のもの」となるでしょう。

非常にシンプルな説明ではありますが、材料の違い、熟成の違い、塩分の違いなどで、日本全国には実に多彩なご当地味噌があります。

ここではごく基本的な、味噌の成り立ちについてご説明しましょう。

■原料

【大豆】

基本となる材料は大豆です。この大豆に何の麹を加えるか（米か麦か豆か）によって、出来上がる味噌の種類は変わります。

土台となる大豆は一晩水に浸した上で蒸す（または煮る）ことで加熱。ある程度攪拌して粒を砕きます。

【麹】

少し前、塩麹がブームになりましたので、おなじみの人も多いでしょう。麹とは米や麦、大豆などに麹菌というカビの一種で国菌であるアスペルギルス・オリゼーを繁殖させたものです。

米に繁殖させれば米麹、麦に繁殖させれば麦麹、豆に繁殖させれば豆麹、というわけです。

麹を作るには、原料（米・麦・大豆）を蒸す・煮るなどして加熱したところへ種麹（たねこうじ）を植え付けます。その状態で温度・湿度ともに管理された室（むろ）に入れて、2日ほど経つと、全体に麹菌が繁殖して「麹」が出来上がります。

麹菌は繁殖する際、二酸化炭素と呼吸熱とよばれる熱を発します。自然の成り行きとはいえ、これを放置すると、麹菌自体が死滅してしまうという本末転倒が起こるため、熱が50℃以上にならないよう、また、菌から伸びた菌糸が絡まって固まってしまわないよう、人の手でほぐしてやる必要があります。麹菌は生き物ですので、人の手で大切に育ててやらなければならないのです。


【塩】


味噌づくりに塩は欠かせません。が、それは味付けのためだけに入れるものではない、ということを、まず理解する必要があります。

後ほど説明しますが、味噌は大豆に麹（米・麦・豆など）を加え、発酵・熟成させて作られます。その際には麹菌をはじめとする、さまざまな微生物がたんぱく質や脂質を分解するなど大活躍するわけですが、発酵の過程で、活躍してくれる微生物と、いてもらっては困る微生物が発生します。

その、いてほしくない微生物を抑制するために、塩を使うのです。

有用な微生物の活動を助け、いらない微生物で塩に弱いもの（非耐塩性といいます）を抑え込む。そのため、どの程度の濃度の塩分を与えるのが適正なのか、その見極めは非常に重要です。


味噌を構成するおおまかな原料は以上です。が、大事なのは、その配合です。

味噌を大まかに「辛口」「甘口」と分けることがありますが、それは塩分配合だけによって決まるものではありません。実は麹の配合具合＝麹歩合によって大きくかわります。

「麹歩合が高い」とは、大豆よりも炭水化物の割合、つまり米や麦が多いということです。米が分解されると「糖」になりますので、米（麹）の歩合が多いと甘口の方向になります。主として京都で消費されている「白味噌」は、大豆10に対し、米を20

から25入れます。その結果甘い味噌となるのがよくわかります。また米が貴重であった時代に、米を多くいれた味噌を京都の貴族が好んでいたというのも、容易に理解できます。

麹歩合についてもう少し説明すると、

基本となる大豆の量を1とします。これは蒸し煮にする前の、原料の時の量を基準とします（蒸し煮にすることで、原料の2～2.1倍になります！）。

原料大豆1に対して、0.6の麹を使用すると、「6割麹」と呼ばれる配合になります。

辛口・甘口の基準でいえば、

5割麹～7割麹…辛口

7割麹～8割麹…中甘口

9割麹～10割麹（大豆と麹が1：1）…甘口

というのが目安です。これは一般的な米麹の場合で、麦麹の場合は米に比べ、若干麹の割合が高くなります。

味噌ができるまで

味噌の成り立ちをもう少し具体的にしたのが、次頁のフローチャート（図13）です。
これが、原料から味噌ができるまでのプロセスです。

味噌の種類と味噌マップ

その他の食品同様、味噌にもいろいろ種類があります。味噌をより深く楽しむためにも、基本的な分類を知っておきましょう。

【味による分類】

味による分類には、甘味噌・甘口味噌・辛口味噌、の3種類があります。
例えばこれがカレーであれば、いわゆる唐辛子の辛さの程度によって甘口・中辛・辛口・大辛（激辛？）などに分けられるのですが、味噌の甘口・辛口はちょっと違います。

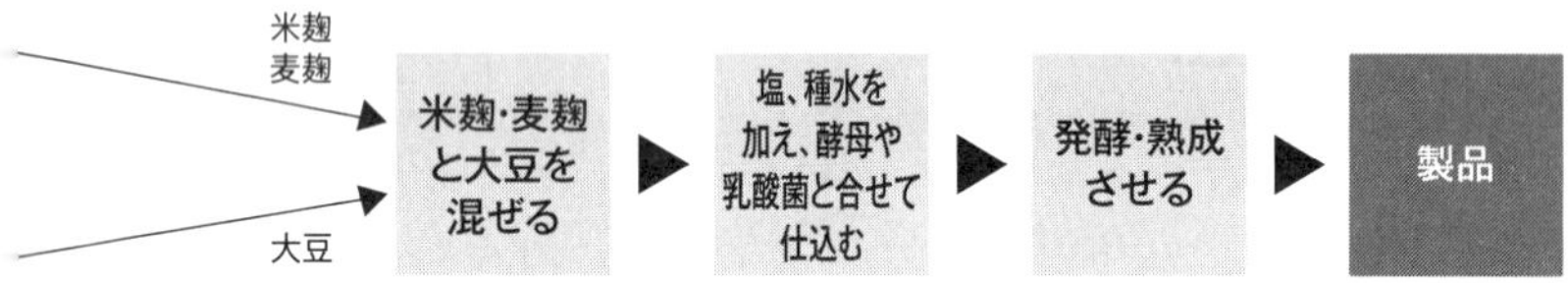
米麹
麦麹
大豆
米麹・麦麹と大豆を混ぜる
塩、種水を加え、酵母や乳酸菌と合せて仕込む
発酵・熟成させる
製品

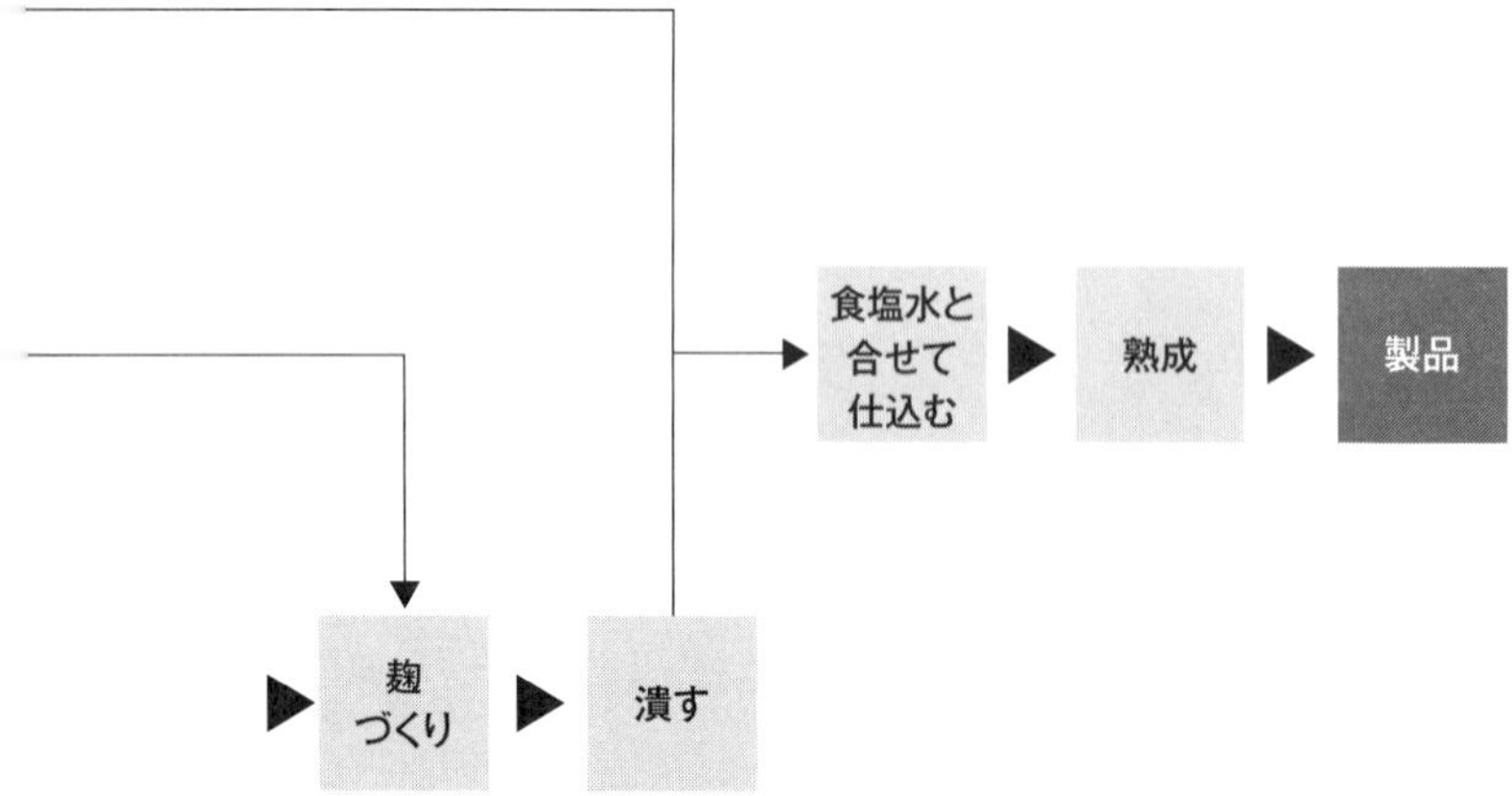
麹づくり
潰す
食塩水と合せて仕込む
熟成
製品

図 13
米味噌・麦味噌ができるまで

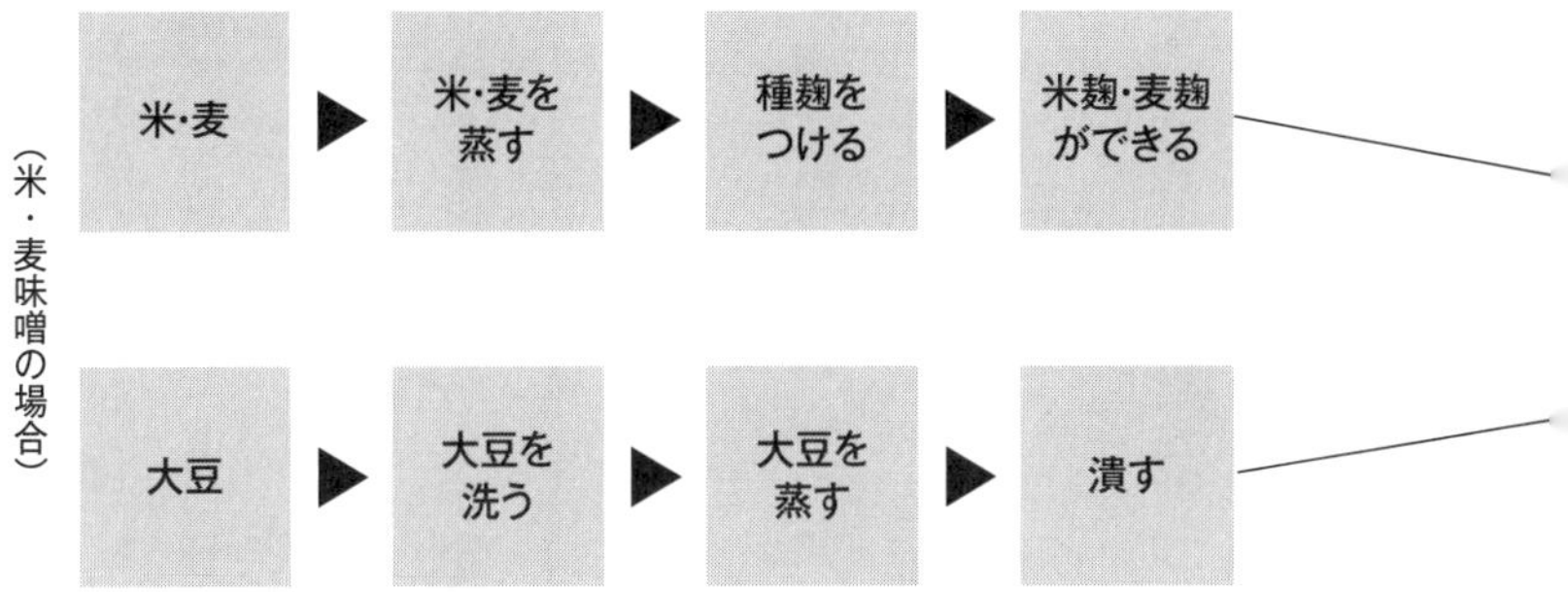

豆味噌ができるまで

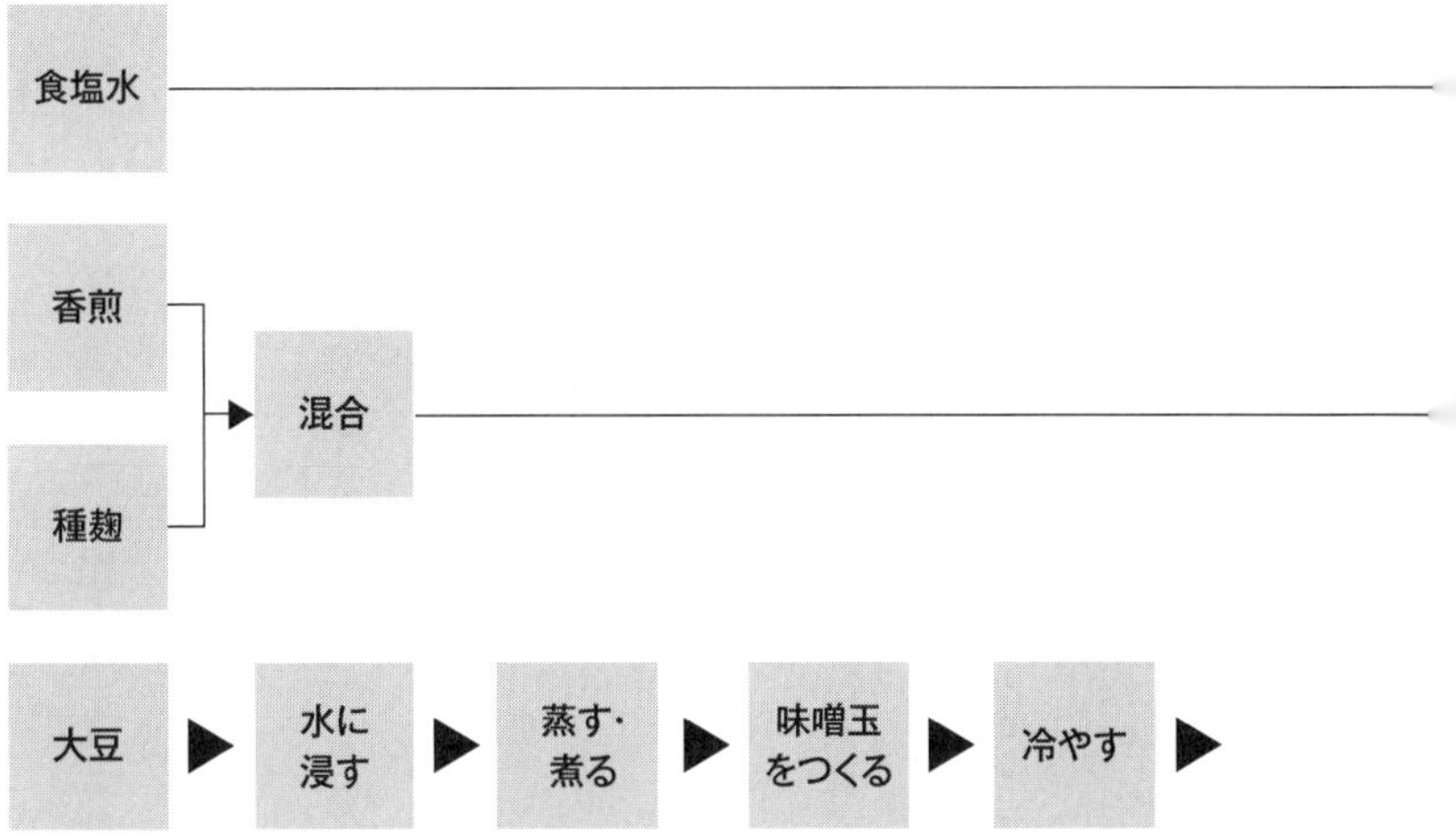

※香煎（こうせん）
香煎とは、大麦、裸麦を炒って粉にしたもので、種麹を作る場合の調整材として使用される

塩辛さは原料の塩分が多いのか少ないかで変わってきますが、味噌の甘口・辛口を決めているのは、前にも説明したとおり、原料の大豆に対する麹の比率で決まります。塩分濃度が同じ味噌、AとBがあったとして、Aの麹歩合がBよりも高ければ（麹の量が多ければ）、Aのほうが甘口、ということになります。

甘味噌と甘口味噌、何が違うのか、と思われた方も多いでしょう。

甘味噌は米味噌にしかない分類で甘口味噌よりもさらに甘さの強いものをいいます。甘味噌の中にも白味噌と赤味噌があり（次項、色による分類を参照）、白い甘味噌のほうが赤よりもより甘いとされています。

【色による分類】

味噌を色によって分類する方法です。おおまかに、白味噌（京都をはじめとする近畿地方の白味噌、岡山、広島、香川の白味噌など）、赤味噌（豆味噌や江戸甘味噌、北海道、東北、新潟、長野の赤色系米味噌など）、淡色味噌（信州味噌、越後味噌に代表される淡色系米味噌など）に分けられます。味噌の色に濃淡の差が出るのは、メイラード反応によるものです。この反応は主に発酵・熟成の段階で起こりますが、そこにはさまざまな要因があります。ひとつは熟成期間の長さで、長いものほど、白から赤へと色が濃くなっていきます。醸造中の温度が高いほど、色が濃くなる傾向もあります。また、製品になってからも、非加熱・加熱味噌にかかわらず反応は進みますので、時間が経つと色はどんどん濃くなっていきます。使われる大豆の種類、大豆の加工方法（煮るか・蒸すか）、麹の種類や量、発酵途中でどの程度攪拌するか（味噌を混ぜる回数など）なども製品の色に影響します。

大豆を蒸すのではなく、煮てつくる白味噌は、煮汁を排出することで褐変の原因となる糖の水溶性成分が取り除かれ（煮汁に流出）、熟成の段階でメイラード反応が抑えられ、色が淡くなります。逆に、高温で長時間大豆を蒸煮すると、たんぱく質が変性し、大豆本来の黄色が褐色となる上にメイラード反応が加わり、濃い赤色の味噌になります。

【麹の種類による分類】

前にも説明したとおり、大豆に何の麹を加えて作るかによって「米味噌」「麦味噌」「豆味噌」に分かれます。また、これらを混合した味噌は「調合味噌」や「あわせ味噌」と呼ばれます。

●米味噌

麹別にみると、もっともバリエーションが豊富なのが米味噌です。一口に米味噌といっても、白味噌・淡色味噌・赤味噌もありますし、甘味噌・甘口味噌・辛口味噌もあります。地域的に見ても、北海道から中国・四国、九州の一部まで、ほぼ全土で作られています。

●麦味噌

麦味噌には甘口味噌と辛口味噌があり、産地は中国・四国の一部から、九州。なお例外的に、山梨県の「甲州味噌」(山梨県認証)は、米麹と麦麹の調合味噌があります。

●豆味噌

中部地方の限られた地域で作られている味噌で、甘口・辛口の種別はありません。原料大豆の全部を麹にした豆麹100%の味噌ですが、かといって米麹のように、歩合が高いほど甘いわけではなく、むしろ独特の風味と酸味のある、味覚的には辛口に属する味噌といえるでしょう。

●調合味噌（あわせ味噌）

米味噌と豆味噌、米味噌と麦味噌など、異なる二種類以上の味噌を合わせた製品であったり、複数の麹を混合して醸造した味噌のことを調合味噌（またはあわせ味噌）といいます。

調合味噌は単独の麹を使用した醸造味噌よりも癖がなく、よりマイルドな口当たりになって食べやすくなるという特徴があります。

表2　味噌の分類

原料による分類	色や味による分類		麹歩合 範囲（一般値）	塩分（%） 範囲（一般値）	産地
米味噌	甘味噌	白	15~30 (20)	5~ 7 (5.5)	近畿各府県、岡山、広島、山口、香川
		赤	12~20 (15)	5~ 7 (5.5)	東京
	甘口味噌	淡色	10~20 (15)	7~12 (7.0)	静岡、九州地方、山形、岡山
		赤	12~18 (14)	10~12 (11.5)	徳島、その他
	辛口味噌	淡色	6~10 (7)	11~13 (12.0)	関東甲信越、北陸、その他各地に分散
		赤	6~10 (7)	11~13 (12.5)	関東甲信越、東北、北海道、その他全国各地
麦味噌	淡色味噌		15~25 (20)	9~11 (10.5)	九州、四国、中国地方
	赤味噌		8~15 (10)	11~13 (12.0)	九州、四国、中国、関東地方
豆味噌			100	10~12 (11.0)	中京地方（愛知、三重、岐阜）
調合味噌	米と麦のあわせ味噌				九州、四国、中国地方
	赤だし味噌				中京、近畿地方

【ご当地味噌マップ】

味噌の歴史の中で、戦国武将が戦の兵站戦略の一環として味噌づくりを推奨した話はご紹介しました。武将が味噌づくりを奨励した土地は、今も味噌の産地として知られていますが、その他にも日本各地にはさまざまな味噌が作られています。

152頁の地図をご覧ください。ほぼ全国的に生産されているのは米味噌ですが、麦味噌は中国・四国以西、特に九州や山口県方面に多くみられます。豆味噌に至っては、ほぼ中部地方に限定されます。

もちろん、それらの味噌を混合した調合味噌もあります。これらの分類は明確に線引きされるものではなく、それぞれの土地であらゆる味噌が混在しています。各地の味噌や味噌汁は、その土地の農作物や海山の幸を色濃く反映し、個性豊かな郷土食を支えているのです。

その中でも主なものをご紹介しましょう。

●白甘味噌（米味噌・白・甘味噌）

京都の白味噌を代表格とする、色が淡くて甘みの強い味噌。讃岐味噌、府中味噌など、歴史的にも古くから作り続けられている味噌です。麹歩合は20～25。麹となる米ものの（皮を取り除いたもの）を使い、米麹も比較的若い麹を使います。大豆は蒸さずに煮て加熱しますが、これは前述のように褐変させないため。大豆が熱いうちに麹と塩を仕込んで、一週間ほどの短期熟成で完成です。

●江戸甘味噌（米味噌・赤・甘味噌）

関西の白甘味噌に対して、江戸っ子が作り出したのが、赤い甘味噌です。江戸に入った徳川家康が「色は懐かしいふるさとの豆味噌に似せ、味は憧れの京都の公家が食べる白甘味噌に似せて作った」という説もあります。

白甘味噌同様、10日間ほどの短期熟成で作られる甘味噌で麹歩合は15～20。微生物が時間をかけて熟成させるのではなく、麹に含まれる酵素「アミラーゼ」が米を分解することで甘味が増します。白甘味噌も江戸甘味噌も麹歩合が高いので、米が分解された「糖」が多いために甘くなるのです。江戸甘味噌では、大豆は煮るのではなく蒸すことで加熱。蒸しあがった大豆は翌日まで放置して自然にさまします。こうすることで大豆はじっくりと柔らかさを増し、この間に褐色に変貌します。これが江戸甘味噌の独特の色を生み出すのです。

●仙台味噌（米味噌・赤・辛口）

米味噌の赤味噌の代表格といってよいでしょう。仙台味噌は歴史の項目でもふれたとおり、戦国武将伊達政宗が作らせたのが起源。江戸時代には遠く関東まで運ばれ、江戸の庶民にも愛されたといいます。天然醸造で10か月以上かけて熟成され、大豆のたんぱく質は十分に分解。酵母や乳酸菌もたっぷりで、強いうま味と香味に恵まれています。麹歩合は5～10と低めですが塩味とうま味のバランスのとれたおいしい味噌です。

●信州味噌（米味噌・淡色・赤・辛口）

日本全国の米味噌生産量の4割を占めるのが信州味噌です。爽やかな香りが特徴で、信州と地名がついていますが、今や日本全国で生産されるほど愛されています。通常は長期間かけて醸造することで色づくのが味噌の基本ですが、信州白味噌のような淡色白系の味噌は醸造工程で着色が最低限になるよう工夫します。信州味噌では、原料の大豆の段階で、蒸しあがりの色の明るいもの、美しい黄色のものを選び、丁寧に洗浄することで明るい色に仕上がるようにします。浸水や蒸煮方法にも工夫があり、着色成分や着色促進物質を除くなどの努力がはらわれています。

●越後味噌（米味噌・赤・辛口）

越後味噌は関東に出兵した上杉謙信が味噌を学び、越後で作らせた味噌と言われています。越後味噌は味噌汁にするとすぐにわかります。汁の中に麹の粒が浮かんでくるのです。これを浮き麹といい、粒を残すために精白した米を潰さず丸ごと使います。一般的な仕込みでは、米麹と塩を先に混ぜ合わせて大豆と合わせますが、浮き麹の味噌は細かくすりつぶした蒸煮大豆と塩を混ぜた上で麹を混ぜ込みます。赤色味噌ではありますが、その色は比較的明るめで淡色味噌に近い仕上りになります。

●麦味噌（淡色・赤色、甘口・辛口）

麦味噌は麦がよく採れる中国、九州、四国地方でよく作られます。使用される麦は大麦と裸麦。米味噌に比べ、大豆に対する麹歩合が多めなのが特徴です。九州地方の麦味噌は比較的熟成期間が短く、甘口で色は淡色または赤色です。

●豆味噌（赤褐色、辛口）

豆味噌は愛知・岐阜・三重の中部地方の特産です。大豆と塩だけを主原料とし、濃い赤色に独特のうま味がある辛口味噌。酵素の働きを促進するために通常より重石を多くして食塩の浸透を促進、酸化の進行を防ぎます。会社によっては熟成期間をふた

図 14　みそマップ

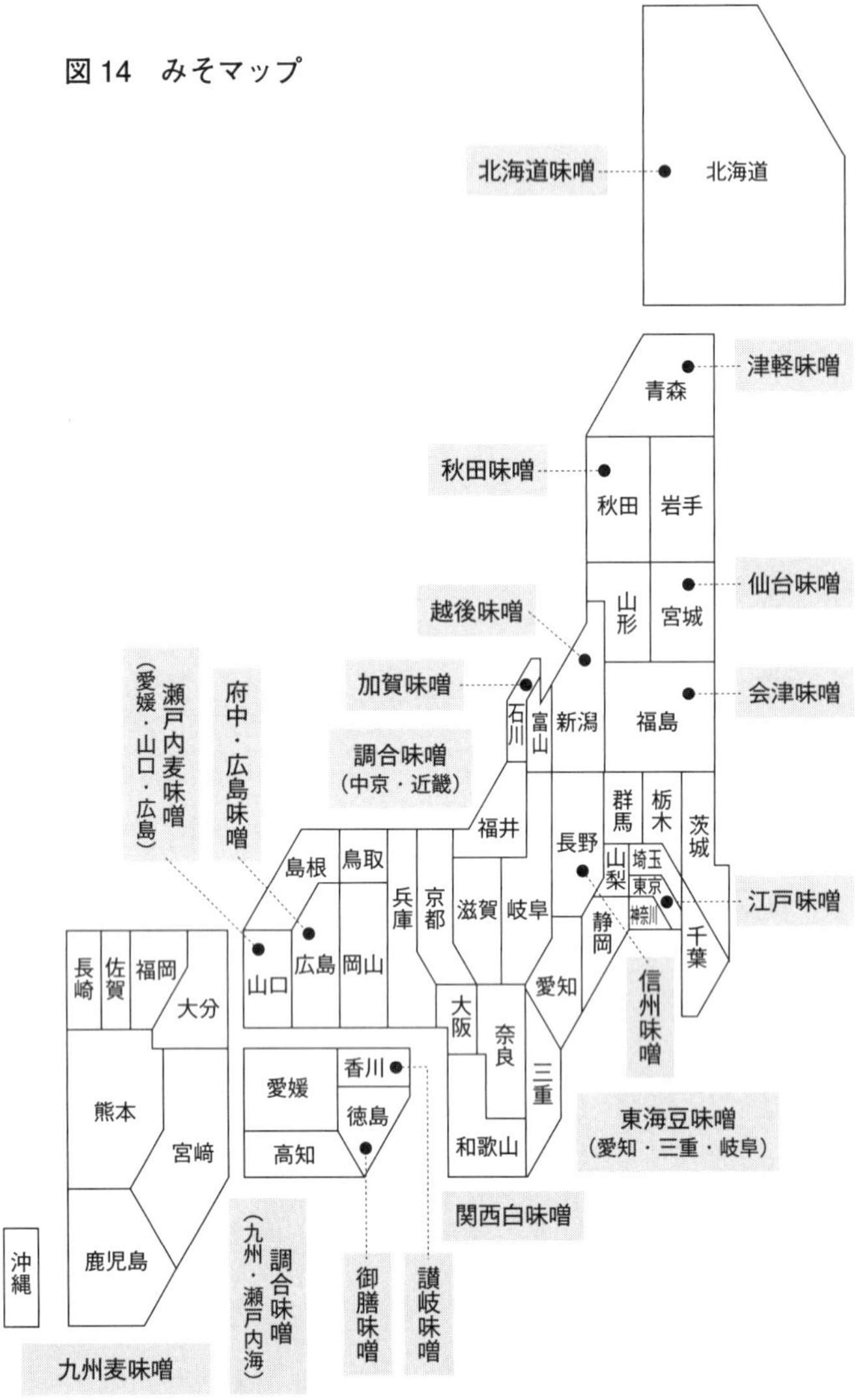
北海道味噌
北海道
津軽味噌
青森
秋田味噌
秋田
岩手
仙台味噌
山形
宮城
越後味噌
加賀味噌
会津味噌
石川
富山
新潟
福島
瀬戸内麦味噌（愛媛・山口・広島）
府中・広島味噌
調合味噌（中京・近畿）
福井
群馬
栃木
茨城
長野
山梨
埼玉
東京
神奈川
江戸味噌
島根
鳥取
兵庫
京都
滋賀
岐阜
静岡
千葉
長崎
佐賀
福岡
大分
山口
広島
岡山
愛知
信州味噌
大阪
奈良
香川
愛媛
徳島
三重
熊本
宮崎
高知
和歌山
東海豆味噌（愛知・三重・岐阜）
関西白味噌
鹿児島
沖縄
調合味噌（九州・瀬戸内海）
御膳味噌
讃岐味噌
九州麦味噌

夏ほどと長くかけるところもあります。豆味噌は酵素分解が主で、酵母や乳酸菌による発酵作用が少ないため、大豆のタンパク質が分解され、味わいは濃厚に。独特な香りとともに、わずかな渋みと苦みがあります。食べ慣れない人には馴染むのに少し時間がかかるかもしれませんが、それだけ個性も強く愛好者の多い味噌です。

ちなみに「赤だし」の名で知られる味噌は、豆味噌のような風味で知られていますが、豆味噌をベースに、米味噌やだしになる調味料を加えたもの。こちらは調合味噌となり、豆味噌の分類には入りません。

味噌との上手な付き合い方

この本を読んでくださっているみなさんのお宅の冷蔵庫を見てみてください。味噌は入っていますか？ それはどんな味噌ですか？ 何が表示されていますか？ いつ頃、買いましたか？ 保存方法は？

冷蔵庫にあるのが当たり前の存在かもしれませんが、味噌が奥深いものであることは、もうお分かりいただけていると思います。

愛用している味噌は、銘柄が決まっていますか？たまにはちょっと変わった味噌も試してみたくなるかもしれません。これをきっかけに、味噌汁や味噌料理のバリエーションが広がるかも。

そこでここからは味噌の表示の見方・買い方・保存の仕方についてご紹介しましょう。

味噌の表示を理解しよう

味噌は加工食品です。食品ですから、当然、各種法律に基づいて栄養面・健康面・品質面などさまざまな面からの情報が表示されるよう、義務付けられています。

一般的な食品表示（栄養素・アレルギー物質表示など）はその他の加工食品と変わりませんが、味噌独自に設けられた「みそ公正競争規約」というものがあります。言い換えれば、味噌業界が独自に設けたルールです。

このルールが適用されるのは、容器に入れられた、または包装されて販売されている味噌。一般消費者を対象にしない業務用の味噌や、対面販売で量り売りされているもの、即席味噌類は対象外です。また、なめ味噌・加工味噌も対象になりません。

公正競争規約にはさまざまな取り決めがありますが、おおまかにいうと、名称、原材料名、内容量、賞味期限、保存方法などに関する表示、特色のある原材料を使用している場合や「塩分控えめ」などの表示、また、天然醸造、手作り、特撰、など味噌特有の用語についての定めがあります。

特に読者の方が知っておくべきことを抜粋するならば、次のようになります。

●生味噌

発酵容器（仕込み用の容器）に充填した後、出荷のために容器包装される前後に、加熱殺菌処理を施していないものに限り、表示できます。加熱殺菌されていないため、発酵は止まっていません。

●天然醸造味噌

加温により醸造を促進したものではない味噌。かつ、食品衛生法施行規則に掲げられている添加物（甘味料・着色料・保存料・安定剤・酸化防止剤・発色剤・漂白剤・防カビ剤など約３００種類）を使用していないものに限り、表示できます。

●手造り味噌

使用する麹が伝統的な手作業による「麹蓋方式」で製造されたものであること。「麹蓋方式」では強制通風によって麹の温度を制御せず、昔ながらの手作業による手入れで工程を管理します。そのため、大量に麹を作ることができません。また、天然醸造によって醸造することと定義されているため、前述のような添加物を使用していないこと、加温により醸造を促進していないことも条件になります。

●「特撰」「特選」などの表記

同種の比較対象の味噌と比べたときに

1. 原材料の品質がよい・特色がある
2. 麹の作り方（伝統的な麹蓋方式を採用）
3. 大豆に対する麹の使用割合（麹歩合）が多いこと
4. 発酵・熟成の期間が長い
5. 熟成方法に特徴があること（天然醸造など）

これらの条件のうち、1つ以上を満たしていれば、特撰または特選の表示をすることができます。また、その際にはその条件を併記することになっています。

例えば、特撰　国産大豆使用
特撰　天日塩使用　　などです。

●吟醸表記

使用する大豆または麹原料のいずれかが、農産物規格規定に定められた、一定の規格以上のものを使用しているとき、吟醸の表記が許されます。

例えば　吟醸　国内産大豆
吟醸　国内産米　　などです。

●長期熟成 および 長熟　の表記

長期熟成した味噌であり、また醸造期間を併記する場合にのみ許可される表示です。

●「だし入り味噌」

味噌に用いる原材料のうち、かつお節、煮干し魚類、昆布などの粉末または抽出濃縮物、魚醤、たんぱく質加水分解物、酵母エキスなどの重量の総和が、グルタミン酸ナトリウム、イノシン酸ナトリウムなどの重量の総和を超えるものに限って表記できます。

グルタミン酸ナトリウムだけ、あるいはグルタミン酸ナトリウムとイノシン酸ナトリウムを混合したものが中心になっている場合は「だし入り味噌」とは表示できません。

●1年味噌　2年味噌

蒸煮処理された大豆、麹、食塩を混合して発酵容器（仕込み容器）に充填した日から、製品として容器包装した日までの年数が1年以上のものは1年味噌、2年以上のものは2年味噌…と年数に応じた表記が可能です。

●塩分控えめ

特定の成分について多い・少ないなどと表記することは、厚生労働省が定める「栄養表示基準」により行うことになっています。その基準によれば「塩分が少ない」と表記するときは、比較対象のものに比べて、味噌100g当たり120㎎以上のナトリウムをカットすれば、相対表示により「控えめ」という強調表示をすることができることになっています。

しかし業界独自の「味噌公正競争規約」では比較対象のものと比べて、ナトリウムを15％以上のカットで「塩分控えめ」「うす塩」などの表記ができる、としています。

●遺伝子組み換え

原料について「遺伝子組み換えでない」と表示されている場合があります。現在、全国味噌協同組合連合会に加盟している会社の味噌に使用されている大豆は、すべて非遺伝子組み換え大豆です。

大豆の生産・流通の段階を通して、遺伝子組み換え大豆が混入することのないよう、各段階で適切に管理された大豆であることを証明する書類が完備されていれば、「遺伝子組み換えでない」という表示はしてもしなくてもよいことになっています。しかし、より正確に情報を提示するために「遺伝子組み換え大豆は使っていません」と表示する商品はたくさんありますし、表示していなくても連合会加盟会社の製品であれば、材料はすべて「非遺伝子組み換え」です。また、遺伝子組み換え大豆や組み換え不分別大豆を使用する場合には、その旨を表示する義務があります（遺伝子組み換え大豆使用・遺伝子組み換え不分別大豆使用、など）

●アレルギー表示

食品によるアレルギー症状を引き起こす可能性のある食品としては、小麦、蕎麦、卵、乳、落花生、エビ、カニの7品目が特定原材料として指定されており、これらを含む加工食品については「含んでいること」を表示することが義務付けられています。また、これら7品目に準ずるものとして、大豆をはじめとする20品目が定められています。それらについても可能な限り表示すること、となっており、味噌についても例外なく、アレルギー対象となる食品については明記されています。

●有機味噌

有機農産物加工品については、日本農林規格に定められている生産方法の基準があります。主なものとしては

1. 格付けが表示されている農産物を使用していること
2. 原材料の使用割合は食塩および水の重量を除いた原材料のうち、有機農作物以外の重量が5％以下であること
3. 食品添加物の使用は当該加工食品を製造するために必要な最小限度であること（アルコールの原材料として遺伝子組み換え技術を用いたものは使用できない）
4. 製造・加工・包装・その他の工程にかかわる管理について、認定を受けていること

などがあります。これらを満たした味噌製品であれば、有機味噌、オーガニック味噌

などと表示することが認められています。その他、格付けされた原材料を使用している場合は、有機大豆使用、有機米使用、などの表示をすることができます。

味噌の賢い買い方

さて、味噌についていろいろ学んできましたが、それでは賢く・おいしい味噌を選ぶにはどうしたらよいのでしょう。
とはいえ、見た目だけで味噌の良しあしを判断するのは非常に難しい、というのが実情です。主なチェックポイントをご紹介すると、
色……味噌の種類によって異なりますが、良い味噌に共通しているのは、食欲をそそる、さえた色をしているということ。色むらがあったり、灰色がかったものはお勧めできません。
香り…食べたときに、味噌らしい香ばしさがあれば、それは良い味噌です。大豆臭、酸臭（すっぱいにおい）、不潔臭、薬品臭などがする場合は、良い味噌とは言えません。

味……塩味がこなれていて角が取れていること。苦味や渋味のないもの（ただし、豆味噌はその限りではありません）。組成が均一でなめらかであること。ざらつきがないこと、などがよい味噌の条件です。

上手な保存方法

最も一般的な保管の仕方は、冷蔵庫に入れることでしょうが、最適なのは冷凍庫に入れることでしょう。味噌は凍りませんので、冷凍庫から出してもすぐに使えます。

一般的には、パック入りの味噌を購入して封を切ったら、なるべく空気に触れないようにし（パック内の薄紙などは捨てないで！）、冷暗所（できれば冷蔵庫）に保管します。室温保存しても変敗（微生物による腐敗など）が起きたり、食中毒菌が増殖することはありませんが、高温多湿になりがちな夏季などには熟成が進んでしまい、褐変反応（メイラード反応）が進行しやすく、香りや味が損なわれてしまいます。適正な保存方法を心がけ、賞味期限内に食べ切るようにしましょう。

味噌は海外へ

和食が世界遺産に指定された今、味噌は今や世界中から愛される存在です。前にもご紹介しましたが、海外の料理人の中には隠し味に使う人もいるようです。もはや外国人が知る和食はスシ、テンプラだけではないのです。

味噌の国内生産量と消費量は農水省の調査統計によればやや減少傾向にありますが、輸出については実は着実に伸びています。

国内需要が減少していることについては、外食志向の高まりや米消費の減少を反映したものと考えられますが、味噌の健康機能などについて知られるにつれ、今後の上昇が期待されます。また、ロハスな生活、スローフード、地産地消などのキーワードが根付く中、伝統的で安心な日本の調味料である味噌はますます脚光を浴びつつあります。

日本料理が健康維持に理想的であることに、いち早く気づいていたのは欧米人でした。海外では日本料理店が増え続けており、それに伴って味噌の需要も拡大しています。

味噌の輸入については、原材料の輸入はありますが、製品の輸入はほとんどありません。ただし、味噌工場は海外にもあり、現地で消費されています。それに加えて、日本からの輸出量も年々、増えています（味噌加工食品も含む）。

輸出先のトップはアメリカで、総輸出量の3割以上を占めています。その背景にはアメリカにおける日本食ブーム（＝健康志向）、マクロビオテックス（長寿食運動）があり、健康について考える人が味噌を選んでいる、という分析ができます。

また、外務省の調査に面白いデータがあります。海外に滞在する日本人の数の推移と、味噌の輸出推移を比較したのです。

海外に暮らす日本人が増えたのなら、味噌を食べる人が海外に出たことで輸出が増えたのでは？と仮定しての分析ですが、結果的には、海外滞在日本人数の増加率に対して、味噌の輸出量（量・金額とも）の増加率が格段に大きいのです（次頁の資料を参照）。

つまり、海外に長期滞在する日本人が増えた以上に、味噌を愛好する外国人が増えていることが明らかになった、というわけです。

味噌メーカーの話によれば、海外における日本食レストランの増加も、味噌の輸出に拍車をかけているといいます。輸出をしている会社の分析によれば、「海外への味噌の輸出は寿司レストランの拡大と共に広がり、日本食が各国で現地化した事による」とのこと。

外務省の2015年の調査によれば、06年には約2万4000軒だった日本食レストランは、15年には8万9000軒ほどに増加。急激に拡大しています。その内訳は、高級和食店から気軽な居酒屋、ラーメン店、寿司をメニューに加えた中華料理店など実に多様ですが、そのどこへ行っても味噌汁があります。味噌ラー

図15　味噌の輸出推移（数量・金額）

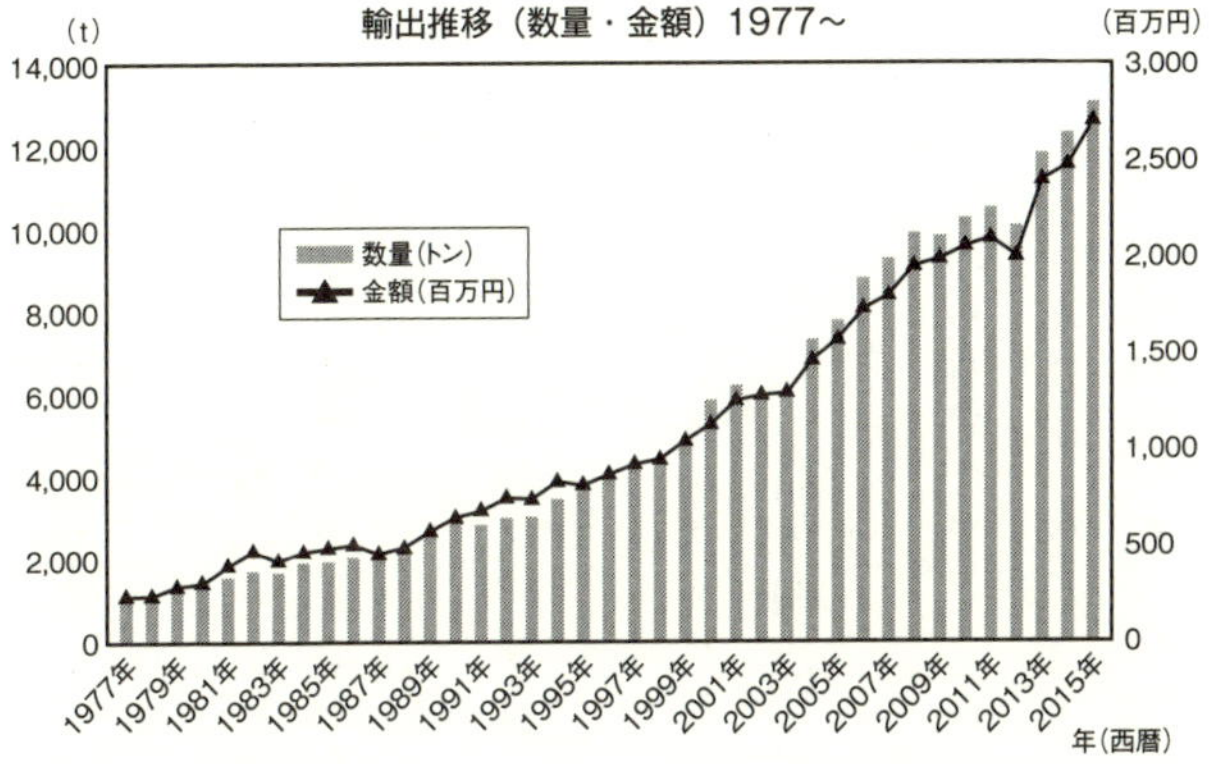

全味工連資料:財務省、日本貿易月報

*2012年に下がったのは、震災の影響

メンは世界各地で人気があり、米国では味噌漬けの魚もメニューに入り始めました。ミシュラン星をもつフランス人のトップシェフで、味噌を知らない人はいない、という話も聞きます。

また、アメリカの食品マーケットへ行けば、Miso Soupとして、即席みそ汁が並んでいます。だし、具材、味噌がフリーズドライになった即席みそ汁は、手軽でヘルシーなスープとして、アメリカの人々に愛されているのです。

アメリカだけではありません。この傾向はヨーロッパ、とくにイギリス、フランス、そしてオーストラリアでも見られるといいます。

輸出を多く手掛ける味噌メーカーでは、特にアジア圏、北米圏、ヨーロッパの成長が顕著だといいます。また、従来に比べてアフリカや中近東などにも日本料理店は増えており、今後ますますの市場拡大が見込めるようです。

健康志向については、日本人以上にセンシティブなのが海外の消費者です。味噌の魅力についても、いち早く気が付き、日々の暮らしに取り入れようとしています。灯台下暗し、ということにならないよう、私たちも積極的に、味噌の楽しみ方を学ぶことが大切だといえるでしょう。

おわりに

ここまでお読みいただきまして、ありがとうございました。全編を通して、味噌の有効性について述べてきましたが、お分かりいただけたでしょうか。

味噌は1300年も続く食べ物です。日本の気候風土に合い、日本人の嗜好や体質、生活習慣に合い、おまけに体のためになるからこそ、すたれることなく続いてきたのだと思います。飛鳥時代にあったという乳製品の醍醐（現在のヨーグルトとバターの中間のようなものとされます）のように、日本の気候に合わない食品もありました。また、いくらおいしくても体に悪いものだったら、とうの昔にすたれていたことでしょう。1000年を超える年月愛され続けた結果、あまりにも身近過ぎて、見過ごされてきた味噌。それがいまでは、放射線の防御作用の発見に始まり、様々ながんの予防、最近では生活習慣病の予防などの効果があることも分かってきました。マウスやラットの研究を経て、人体での疫学的な報告が行われるようにもなりました。さらに、味噌を食べても血圧は上昇しないことに加え、脳卒中の予防効果があることも新しく発表されました。次々と解明される、味噌のパワー。仮説、実験、検証、そして人の体での効果確認。あらゆる発見は、次々と研究の俎上にあがり、段階を経て、確かな効果が報告されるに至っています。

ドラッグストアにならぶ化粧品やサプリメントにも、イソフラボンの名前を見かけるようになりました。人々の美容や健康への意識の高まりから、少し前までは学者の間でしか通用しなかった有効成分の名前が一般にも浸透するようになりました。そのイソフラボンは、(女性に限っての効果ですが)摂取することで脳卒中や心筋梗塞が抑制されることが報告されています。同様の効果は軽度ではありますが、味噌にもあることがわかっています。このように、ごく身近な食品に含まれる成分に、大きな力があることが次々と解明されているのです。

最近では「味噌の有効成分はなんなの?」という質問も受けるようになりました。かつては苦し紛れに「漢方薬のようなもので、成分の事は考えていません」などと答えていました。しかし、科学者としてこんなに非科学的な回答もありません。もちろん、有効成分の解析は懸命に進めています。熟成した味噌からは多くの物質が見いだされています。血圧を下げる物質、血糖値を下げる物質もわかってきています。これらの物質の中には熟成期間が長くなると増加するものもあれば、逆に熟成が進むことで減少する物質もあるなど、その性質も様々です。まだまだ、解明しきれていないことも山のようにあります。研究に終わりはない、ということなのでしょうか。

日本という島国が、歴史の波に翻弄されながら生き延びてきた背景には、豊かな食文化があります。糖と脂をごっそり盛り込んだ食事＝贅沢、という価値観が見直されるべきときを迎えており、そのことには、すでに全世界が気づいています。だからこそ、和食は世界遺産になり、アメリカは公式レポートの中で「日本人の食事に学べ」と示しているのです。でも、私たち日本人の食生活はどうでしょう。未だアメリカの小麦侵略の影響は続いていて、日本人のがんは増えています。アメリカは官民一体の国策でがん予防に取り組んでいるというのに、日本にはそのような国策はありません。アメリカ人がとっくに気づいているとおり、日本も伝統的な日本食を再評価することで、国民の健康寿命を伸ばし、医療費の軽減にもつながるはずなのです。本章の中でも紹介したとおり、食生活の改善から効果が発現するまでには、がんの潜伏期から考えると20年以上はかかります。一日も早く昔ながらの食生活、つまり、ご飯と味噌汁に立ち返るべきなのです。今の日本人の多くは味噌のことを忘れている。そのことに私は危機感を覚えているのです。

味噌汁は不思議なことに毎日食べても飽きが来ない食べ物です。私の住む広島だけでしょうか、味噌の料理専門の居酒屋で味噌の料理をたくさん食べても、家に帰ってから喉が渇かないのも不思議です。また、研究を通して知り合った味噌屋さんの友人は最近幼稚園で味噌造りの講習を行ったといいますが、「話を聞くと、最近のお母さん達は子どもたちに味噌汁をほとんど出さないらしい」と嘆いていました。どうやら味噌汁を作ることを「面倒」「手間がかかる」と思っているようだというのです。

本書をお読みいただいたみなさんには、もうおわかりでしょう。味噌汁は難しくありません。手間でも面倒でもありません。ただ冷蔵庫を開けて適当な野菜を刻み、お湯を沸かしてインスタントのだしと野菜を入れ、野菜に少し火が通ったら火をとめて味噌を溶けばいい。それだけです。できれば熟成した味噌を、さらに言うなら、具に油揚げがあれば、よりコク深く美味しくなります。油揚げがないなら、サラダ油やごま油を一滴たらすだけでも、ぐっと風味が増します。

夫婦だけになった我が家では、もう毎日は作りません。具だくさんの味噌汁をまとめて作り、数日かけていただきます。忙しいときは電子レンジで温めるだけで充分。薬味を入れれば、それだけで毎日新鮮な気持ちで楽しめます。


学生に講義をする際、私はよく質問します。

「味噌汁が嫌いな人はいますか？」

嫌いだという人は、まずいません。若いお嬢さんがボーイフレンドのために、心のこもった味噌汁を作ってあげる。それだけで彼の心は動きます。それがきっかけでゴールインした、なんていう話もよく聞きます。最近ゴールインした2人は味噌汁が決め手だったと聞いています。人の心を掴み、家族の絆を強め、さらに健康を維持できること。これほど良い話はないでしょう。一杯の温かい味噌汁は疲れた心を和ませ、安心させてくれます。朝飲めば一日の活力になり、夜飲めば、その日の疲れを癒してくれます。

健康にまつわるさまざまな情報が、雑誌にもテレビにも、ネットにもあふれかえっている現在。本当に役立つものは、実はみなさんの冷蔵庫にあるのです。

改めて、そのすごいパワーに気がつくだけで、読んでくださっている方やその家族の、未来が変わると信じています。

日本各地にある、さまざまな個性をもった味噌たち。使い方も楽しみ方も自由自在です。ぜひ積極的に使って、食を楽しみましょう。ありあわせの具材を使えばいいのです。旬のものなら、安価でおいしいものが味わえます。もう一度書きますが、食べたいものがあるときは、体がそれを欲しているのだといいます。ご自分の食欲に、素直に耳を傾けましょう。そして本書をきっかけに、ぜひ、ご家庭ならではの味噌の楽しみを見つけていただけたら幸甚です。

30年の味噌の研究の結論として「たかが味噌、されば味噌」だと思っています。

渡邊敦光（わたなべ　ひろみつ）
広島大学名誉教授、理学博士、医学博士。専門は実験病理学、放射線生物学。1940年、福岡県出身。九州大学大学院博士課程修了。放射線や発がん物質を使い、消化管の発がん過程や幹細胞の研究から始める。その間アメリカのウイスコンシン大学の客員教授、並びにイギリスのパターソンがん研究所の客員研究員として幹細胞の研究を行う。帰国後、広島大学で味噌の効能をラットやマウスを用いて研究。世界的な医学データベース「PubMed」に掲載されたMisoの論文や多数の論文を発表。
著書に「味噌力」（かんき出版）がある。

味噌をまいにち使って健康になる

2017年12月1日　初版発行

著者　渡邊敦光
発行　株式会社 キクロス出版
〒112-0012　東京都文京区大塚6-37-17-401
TEL. 03-3945-4148　FAX. 03-3945-4149
発売　株式会社 星雲社
〒112-0005　東京都文京区水道1-3-30
TEL. 03-3868-3275　FAX. 03-3868-6588
印刷・製本　株式会社 厚徳社
プロデューサー 山口晴之　エディター 浅野裕見子　デザイン 山家ハルミ

ISBN978-4-434-23993-9　C0077

大妻女子大学名誉教授・農学博士 **大森正司**

四六判並製・本文176頁／本体1,200円（税別）

目次紹介

●第一章

ごはん好きのお米知らず

コンビニはごはん天国

食育の重要性を考える

環境にやさしい水田効果

国を守っているお米

お米は食事に合わせて選ぶ

ブレンドするにはワケがある

●第二章

お米マイスターに学ぶ

三ツ星と五ツ星お米マイスター

お米と消費者の〝伝道師〟

日本のお米、世界のお米

お酒になるお米、おもちになるお米

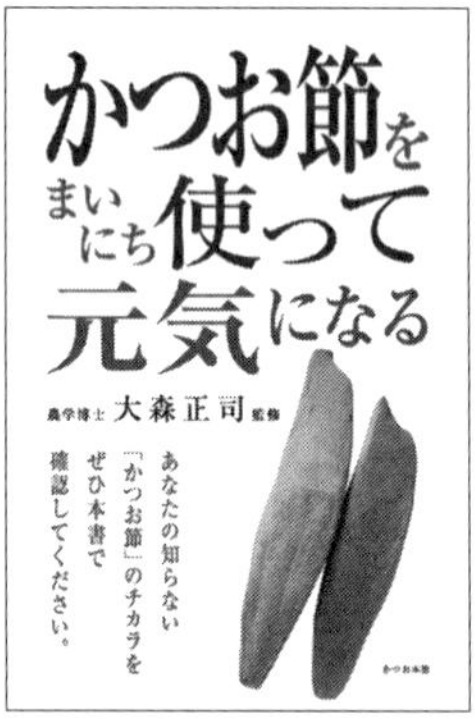

農学博士 **大森正司**

四六判並製・本文104頁／本体1,200円（税別）

だしは日本料理の基本です。そこでかつお節とだしについての最新情報を盛り込みながら、いろいろな角度から解説したのが本書です。３つの章から成っており、第１章はかつお節とだしに関する最新情報を中心に、食育や歴史についても触れます。第２章は健康に関してです。かつお節の栄養成分に始まり、かつお節やだしの効能効果について詳しく説明します。第３章はかつお節の製造についてです。節の種類やかつお節の作業工程、カビの役割についても解説しています。